青少年求知文库
QingShaoNian QiuZhiWenKu

受益一生的人生哲理书

郭雪飞 关 静 编

吉林人民出版社

图书在版编目（CIP）数据

受益一生的人生哲理书 / 郭雪飞, 关静编. — 长春
: 吉林人民出版社, 2010.7（2021.3重印）
（青少年求知文库）
ISBN 978-7-206-06900-0

Ⅰ.①受… Ⅱ.①郭… ②关… Ⅲ.①人生哲学－青
少年读物 Ⅳ.①B821-49

中国版本图书馆CIP数据核字(2010)第120608号

受益一生的人生哲理书

编　　者:郭雪飞　关　静
责任编辑:孙浩瀚
吉林人民出版社出版(长春市人民大街 7548 号　邮政编码:130022)
印　刷:三河市燕春印务有限公司
开　本:700mm×970mm　　1/16
印　张:13　　　　　字数:110 千字
标准书号:ISBN 978-7-206-06900-0
版　次:2010 年 7 月第 1 版　　　印　次:2021 年 3 月第 2 次印刷
定　价:39.00 元

目　录

心灵的风骨

智慧引导自由

人的兽性部分充满了自己的欲望的重要性，因此觉得宇宙觉察不到那种重要性是令自己不可忍受的。外界对它的希望或恐惧之淡漠令人痛苦到不可思议的地步，因此它认为那种淡漠是不可容忍的。人的神性部分不要求外界遵照一个范本，它接受世界而且在智慧中获得一种无求于世界的结合。它的精力不被那好像是敌对的东西所阻挠，而是深入它，与它合而为一。那是我们的理想力量，而不是虚弱，使我们害怕承认理想是我们的而非世界的。我们和我们的理想必须独立，而且要征服世界的淡漠。是本能，而不是智慧，使我们觉得征服世界的漠然是困难的，而且因害怕征服外界所招致的孤独而战栗。智慧不会感到那种孤独，因为它甚至能和最异己的东西结合。要求我们的理想该在现实世界里实现是智慧必须逃避的最后囚室。每一种要求都是囚室，仅仅当它无所求的时候，智慧才是自由的。

——罗　素

※ 智慧隽语 ※

是本能，而不是智慧，使我们觉得征服世界的漠然是困难的，而且因害怕征服外界所招致的孤独而战栗。智慧不会感到那种孤独，因为它甚至能和最异己的东西结合。

心灵的平安

如同暴风雨破坏水的平静与澄明，情欲、不安、恐惧、烦忧妨碍人认识自己的本性。

把自己的生活融于理性之光的人，世界对他们而言就没有所谓绝望的境遇。他们不知道何谓良心的痛苦，他们不怕孤独、不求喧嚣的社会；这样的人是拥有高贵生活的人；他们不回避他人，也不追随他人；他们无须为自己的灵魂还要穿过肉体的外衣而烦恼；他们的行为即使死亡迫在眼前的刹那亦始终如一；他们感到不安的只有自己是否与别人和谐相处，是否过着理性的生活之类的问题。

——奥里欧斯

※ 智慧隽语 ※

把自己的生活融于理性之光的人，世界对他们而言就没有所谓绝望的境遇。

沐浴智慧之刻

如同大自然一样，智慧也有其自身的景象。经常使我欣喜若狂直至流泪的日出和月光，对我的感动从未超越智慧这种博大又忧郁的拥抱。在傍晚时分散步之时，这种拥抱在我们的心灵中泛起高低起伏的波涛，宛如海面上熠熠生辉的夕阳。于是我们在黑夜中加快步伐。一只比骑兵更快的可爱动物加快了奔跑的速度，让人目不暇接、心醉神迷。我们颤颤巍巍，满怀信任和喜悦把自己交付给汹涌澎湃的思潮。我们最好是掌握并且操纵这些思潮，可我们感到越来越难抵御它们的控制。我们怀着深情走遍昏暗的田野，向被黑夜笼罩的橡树、庄严肃穆的乡村等制约我们、让我们陶醉的证人致意。我们越来越快地隐没在田野之中，狗跟随着我们，马载着我们，朋友不声不响，有时我们身边甚至没有任何有生命的东西。

——普鲁斯特

※ 智慧隽语 ※

经常使我欣喜若狂直至流泪的日出和月光，对我的感动从未超越智慧这种博大又忧郁的拥抱。

有益的思想

全神贯注于一件事情，可以忘掉寂寞，求得内心平静，不再胡思乱想。你有没有想过，大脑和身体一样，除了睡觉的时候，总是在运动着。人天生就必须做事情，心里老要记挂点什么，不能静止不动。如果我们拼命让自己无所事事，就会非常难受，你要是不信，马上就可以试试。你坐着别动，坐稳，身子别摇晃，而且什么也别想，你很快就会受不了的。只要你一活动，就会产生有益、无益或者有害的后果。思想也是一样，如果我们不从有益的方面去想，就会往无益或有害的方面去想了。既然我们的思想必须活动，我觉得，如果能把心思用到有益的事物上面，专心致志地去琢磨研究，我们的生活才会有意义，不管处于什么境遇，都可以或多或少地感到生活的乐趣。胡思乱想没有好处，常常会导致产生厌世的情绪。

——西巫拉帕

※ 智慧隽语 ※

全神贯注于一件事情，可以忘掉寂寞，求得内心平静。

善用书籍

书籍用得好的时候是最好的东西，滥用的时候，是最坏的东西之一。怎样是用得对呢？一切的方法都想达到同一个目标，这目标是什么？无非是予人以灵感。我宁愿从来没有看见过一本书，而不愿意因它的吸力将我扭曲过来，把我完全拉到我的轨道外面，使我成为一颗卫星，而不是一个宇宙。世界上唯一有价值的东西是活动的灵魂。这是每一个人有权享有的，这是每一个人里面都含有的，虽然在绝大多数的人里面都是被阻塞着，还没有勃发出来。活动的灵魂看得见绝对的真理，能够把真理说出来。它做这件事的时候，它就是天才。天才不是得天独厚的寥寥几个人的特权。它的本质是前进的。

——爱默生

※ 智慧隽语 ※

书籍用得好的时候是最好的东西，滥用的时候，是最坏的东西之一。

道德的虚伪

怀疑作为智慧的道德净化了人们的精神，这正像哭泣从生理的角度净化了我们的感情一样。但是怀疑本身与其说类似哭，不如说类似笑。假定笑是动物所不具备的人类的表情之一，那么怀疑与笑之间存在着类似的情形就是很自然的了。笑也可以净化我们的感情。怀疑家的风貌不仅仅在于表面，如果，怀疑不具备智慧所固有的欢乐，就不是真正的怀疑。

——三木清

※ 智慧隽语 ※

怀疑作为智慧的道德净化了人们的精神，这正像哭泣从生理的角度净化了我们的感情一样。

精神本性

有一些精神状态，只要我们感觉到，就会受到感动。喜怒哀乐可以激起人们的同感，情欲和恶习可以引起旁观者的惊悸、恐怖或者怜悯。总之，情绪可以通过共鸣传给别人。所有这一切都和生命的本质有关。所有这一切都是严肃的，有时候甚至是悲剧性的，只有在别人不再感动我们的时候，喜剧才开始。

——柏格森

大凡一个人在危难之中，最容易流露真情。在太平无事的时候，由于拘谨，有些强烈的情感即便不能压制下去，至少也会想法遮掩。可是处于心烦意乱的境况中，人就不会做作，无意中会将真情实感暴露出来。

——司格特

※ 智慧隽语 ※

有一些精神状态，只要我们感觉到，就会受到感动。

信赖生命

朝向信仰之道，每个人都不同也无所谓。对我而言，那条路是超越许多的过错和苦恼、许多的自我虐待和狂妄的愚行。因为我曾是自由思想家，认为信心是灵魂的疾病；我曾是苦行者，所以把铁钉钉进肌肤里，因为我不晓得信心是健康和快活的标志。

信心无非是信赖，单纯、健康、天真的人及小孩才有的信赖。像我们这种既不单纯又不天真的人，想要寻找信赖必须绕道而行，对自己本身的信赖，就是这条路的起点。在审判、罪、良心、禁欲和供物上，是得不到信仰的，这些东西属于住在我们外部诸神所有，我们必须信仰的神却住在我们心中。对自己本身说“不”的事，也不能向神说“是”。

——黑　塞

※ 智慧隽语 ※

朝向信仰之道，每个人都不同也无所谓。

高尚者

高尚者的兴趣面向特殊事物，也面向一般被人冷淡在一边、似乎不甚可爱的事物。他们的价值标准是个人特有的。但他们在大多数情况下又以为，在自己特殊的兴趣里并无个人特有的价值标准，而是把他们价值和非价值当成普遍适用的价值和非价值。这么一来，他们便陷于理解发生困难和不切实际的地步。令人奇怪的是，他们犹能保持足够的理性去理解和对待常人，并常常以为自己的激情即是潜藏在所有人心中的激情，他们正是生活在这种充满炽热和雄辩的信念中。

倘若这类特殊的人并不自感特殊，那他们怎能理解卑贱者，能正确评估世情常规呢？于是，他们也议论着人类的愚昧、错误和空想，他们大为惊讶，世界何以混乱至此，世界为何不相信它“亟待做”的事情——此即为高尚者永远不当之处。

——尼　采

※ 智慧隽语 ※

他们犹能保持足够的理性去理解和对待常人，并常常以为自己的激情即是潜藏在所有人心中的激情。

什么东西使人变得“高尚”

什么东西使人变得“高尚”呢？当然不是勇于牺牲——纵欲之徒也会做出牺牲；当然不是顺应人的某种激情——世间存在种种可鄙的激情；当然也不是人无私地为他人做点什么——也许，最高尚的人恰恰是最自私的人。

那么，使人变得高尚的东西，就是那种产生于高尚之士、又不为他所察觉的奇特的激情；是他运用的罕见而独有的尺度和几近癫狂的气质；是他那对于被众人冷淡的事物的炽热情怀；是他能认清那些连任何计量工具都无法衡量的价值；是他奉献给无名之神的祭坛牲礼——不求闻达的英雄气概以及向世人和万类倾诉的过分的知足。总之，是迄今为人罕见的东西，以及对这罕见的东西并不自知，才使人变得高尚起来。

——尼　采

※ 智慧隽语 ※

使人变得高尚的东西，就是那种产生于高尚之士、又不为他所察觉的奇特的激情。

学会尊敬

人必须学会尊敬，就像必须学会轻蔑一样。凡是走上新的生活轨道并把许多人也带上新的生活轨道的人，无不惊异地发现，这些被带上新轨道的人在表达感激之情的时候是多么笨拙。更有甚者，连单单把这谢意表达出来的能力也不具有。每当他们说话，便似骨鲠在喉，嗯嗯啊啊一番就复归平静了。

思想家在感受他的思想所产生的影响时，在感受他的思想改变和震撼人心的威力时，其感受方式几乎是滑稽的，其中还有所顾虑：怕受其影响的人内心受到伤害，怕他们会用各种不当的手段来表达其独立自主的精神受到威胁。要形成一种有礼貌的感激习俗，需要整整一代人的努力，嗣后，思想和天才一类东西进入感激情愫中的那个时刻才会到来。届时，会出现一个接受感恩的伟人，他不仅因为自己做了好事而受感谢，更主要因为他的先辈们日久天长累积下那个至高至善的“宝物”而受感谢。

——尼 采

※ 智慧隽语 ※

人必须学会尊敬，就像必须学会轻蔑一样。

高贵的灵魂表现

“永远不要被人为难”是一个谨慎的伟大目标。它是一条真正的为人守则，一种高贵的心智象征，因为宽宏是不容易被人为难的。热情是灵魂生出的古怪脾气，而热情的过分会削弱谨慎的程度。如果热情流传到嘴部，名声就会有危险。因为一个人要成为自身的主人，使得自己在幸运或逆境时，任何事情都不会骚扰他的沉着。这不会伤害到他的名誉，反而会显示自己的优越，从而增加自己的名誉。

一个人应该言语美好，行动体面：后者是理智的优越，前者是感情的优越，而两者都来自灵魂的高贵。言语是行动的影子，言语为雌，而行动为雄。接受赞美远胜于赞美他人。言语容易，行动困难。行动是生活的实质，言语是生活的装饰。盛名在行动中延续却在言语中消亡。行动是思想的成果，如果思想显得明智，行动就有效力。

——葛拉西安

※ 智慧隽语 ※

一个人应该言语美好，行动体面：后者是理智的优越，前者是感情的优越，而两者都来自灵魂的高贵。

教养的途径

做一个真正有教养的人的重要途径之一，就是研究世界文学。研究世界文学可以让我们慢慢地亲近许多民族的诗人与思想家。他们在其著作中遗留下极其庞大的宝藏——思想、经验、寓意、梦想及理想。这条道路是永无止境的，任何人都无法走到终点，仅仅完全研究一个民族的全部文学，也不可能完全研究精通，更何况是人类的全部文学。但了解、体会第一流思想家、艺术家的作品，其本身就是一种实现幸福的体验——不是对死知识，而是对生气勃勃的意识与理解的体验。尽可能不要广泛地阅读，而在闲暇时能够自由选择。让我们沉溺其中的名作，以了解被人类所思考、所追求的宽广与丰盈，对整个人类的生命与振动产生多彩的共鸣。这一切生活的意义，绝不只是仅仅为了满足实用的需求而已。

——黑　塞

※ 智慧隽语 ※

研究世界文学可以让我们慢慢地亲近许多民族的诗人与思想家。

真正的教养

真正的教养并不是为了什么目的教养，它和一切以完美为目标的努力一样，其本身就具有意义。为了增强体力、技能和美而做的努力，并不见得可以使我们富裕、有名或强壮，但它提高了我们的生活情趣与自信，让我们觉得更快乐、更幸福，并赐予我们心灵上的自信与健康。因此，与此相同的“教养”，也就是说，并不是努力追求精神上的完美，以及某些有限目标的艰辛道路，却能激励我们、愉悦我们，扩大我们的意识范围，增加我们生活与幸福的可能性。所以，真正的教养如同真正的体育，是实践亦是刺激，从任何方向出发都可达到目的，但任何地方都不能停息。真正的教养存在于无限世界中任何一处的旅途上，与宇宙一起呼吸振动，在超越时间的时间中摇荡。它的目标不是为了提高人们的能力与成就，而是帮助我们赋予生活意义，解释过去，更以无畏的心面对未来。

——黑　塞

※ 智慧隽语 ※

真正的教养存在于无限世界中任何一处的旅途上，与宇宙一起呼吸振动，在超越时间的时间中摇荡。

心灵的交融

繁星的韵律可以在教室里用图表阐释，而繁星的诗歌只能在心灵与心灵相晤的沉寂里、在光明与黑暗的交汇里解析。在那里，无限在有限的额头下印下了它的亲吻；在那里，我们能够倾听“伟大的我”的旋律，在庄严的管风琴里，在无穷的簧管里，无限合谐地奏鸣着。

当我的心突然充满了爱，告诉我这世界与我的心灵同在，难道我不会感到阳光更明媚，月光更幽静？当我歌唱雨云的来临，淅沥的雨声就在我的歌声里感到凄婉；自历史的黎明起，诗人和艺术家们就将他们心灵的颜色和旋律，倾入生命的大厦。

我深知，大地和晴空织上了人的思想的纤维，人的思想亦是宇宙的思想。假如这不是真实的，那么诗歌就是虚幻，音乐就是欺骗，缄默的世界把人的心灵驱入绝对的沉寂中。

——泰戈尔

※ 智慧隽语 ※

繁星的韵律可以在教室里用图表阐释，而繁星的诗歌只能在心灵与心灵相晤的沉寂里、在光明与黑暗的交汇里解析。

幻想出的烦恼

一句古希腊的格言说到，人们之所以烦恼，是由于他们对周围事情的意见而不是由于事情本身所造成的。应该有一个可以避免人类悲惨命运的伟大创见，如果有人证明这个看法在任何情况下都是对的。如果恶没有影响我们，而是通过我们判断来影响我们的话，那么这个判断似乎就成了蔑视恶或者把恶转变成好的运用的一种力。如果事情本身怜悯我们，那为什么我们不能把这些事情安排得对我们有利呢？如果我们称之为恶和烦恼的东西，本身既不是恶也不是烦恼，如果它仅仅是幻想，那我们就可以改变它。如果没有人强迫我们，我们就会极其愚蠢地把自己束缚在更加痛苦的事情之上。它给我们带来病痛、贫困和被人歧视这样一些令人不愉快的感受。让我们来看看这件事情能否这样认为：我们称之为恶的东西，本身并不是恶。或者至少可以说，不管它是什么，它都取决于我们给它不同的名声和不同的色彩，因为所有这一切都是一回事。

——蒙　田

※ 智慧隽语 ※

人们之所以烦恼，是由于他们对周围事情的意见而不是由于事情本身所造成的。

真正的恐惧

恐惧可被定义为一种痛苦或心情的纷乱，这些皆出自心中对未来某些破坏性的或引起痛苦的恶行的认识。只有破坏性的或引起痛苦的恶行有这种意义。有些恶行，如刻毒和愚蠢，其发展不会使我们惊恐，我是说不会引起极大的痛苦或损失。那些离我们不太远，近在咫尺，马上降临的恶行才是可怕的，我们不恐惧那些遥远的事物。例如，我们都知道我们要死，但我们不为此而烦忧，因为死亡还没降临。从这个定义看，恐惧是由一切使我们感到对我们有极大破坏力，或将给我们造成极大痛苦的事物引起的。

——亚里士多德

※ 智慧隽语 ※

那些离我们不太远，近在咫尺，马上降临的恶行才是可怕的。

自　由

自由思想的人第一个原则是要了解，要爱。现代的国家用它的法律去约束自由思想的人简直是罪大恶极，它会因之自取灭亡。要做皇帝就做皇帝，可不能自以为是上帝？他要取我们的金钱性命，好吧？拿去就是。可他没有权利支配我们的灵魂，他不能拿血来溅污它们。我们到世界上来是为传播光明而非熄灭光明的。

可怜的朋友，自由的乐趣，你是不能知道的。那的确值得用危险、痛苦、甚至生命去交换。自由，感到自己周围所有的心灵是自由的，那真是一种没法形容的乐趣，仿佛你的灵魂在无垠的太空遨游。这样以后，灵魂再不能在别处生活了。你尽管给予像军营内那样的安全、秩序、完满的纪律，我都认为不相干。我会闷死的。我需要的是空气，是自由，越多越好。

——罗曼·罗兰

※ 智慧隽语 ※

自由思想的人第一个原则是要了解，要爱；现代的国家用它的法律去约束自由思想的人简直是罪大恶极，它会因之自取灭亡。

成长中的观念

有些人认为真理比生活更重要。这些人是卖弄学问。真理，如果只将它囿于窄街小巷之间，那它会变成生活的敌人，这一点每一个人类学家、心理学家都是知道的。还是给人们留下那无害的幻觉吧。

每一代人常常忘记，正是他们的孩子们逐渐开始反对曾哺育自己成长的那些思想和价值观念。可不，崇尚自由主义者的孩子，可能会信仰共产主义；百万富翁的孩子，可能会相信托洛斯基主义；无神论者的孩子可能会转而信仰天主教。正因为如此，这个世界才不断变化。

——布瑞南

※ 智慧隽语 ※

真理，如果只将它囿于窄街小巷之间，那它会变成生活的敌人。

通往幸福之路

人处于完全清醒时，其中总是有一种确信无疑、心满意足的确定成分。或者，在和谐一致的外表之下，它包含着神经与心理的平衡。

通往幸福之路，是培养对万事万物的好奇心。这种好奇，不仅仅对人，也对事物；不仅仅对艺术，也对历史和异域风情；不仅仅对城镇乡村，也对植物和动物；不仅仅对布满苔藓的岩石、树皮上奇妙的印记，也对繁星和原子；不仅仅对我们的友人，也对居住自己心灵深处的纷乱的隐秘。如果我们能够这样做，那么，我们无时无刻不沉浸在欢乐之中，毫无半点厌烦。

——布瑞南

※ 智慧隽语 ※

人处于完全清醒时，其中总是有一种确信无疑、心满意足的确定成分。

人生的使命

人生的职责

我想对青年们说的，只有以下一件事情？这也是现在我所确知的唯一事情？那就是——我们总是必须将最重的东西当成基础，而那也正是我们所肩负的任务。

人生重重地压在我们的身上，它的重量越重，我们就越深入人生之中。必须生活在我们周遭的不是快乐，而是人生。少女时代不重要吗？它不就像又长又重的头发，陷入悲惨的深渊中？

人生非得这样不可。假如有许多人在年轻时便急着把人生变得激进且肤浅，或是将人生变得轻率且轻浮的话，他们只是放弃了认真地接受人生及真正地担当人生的机会，而靠着自己最固有的本质去感受人生，并且停止满足人生罢了。

但是，这对人生而言，并不意味着任何进步。这仅是意味着抗拒人生无限的宽广与其可能性。然而，我们被要求的是——去爱惜重大的任务及学习与重大任务交往。

——里尔克

※ 智慧隽语 ※

必须生活在我们周遭的不是快乐，而是人生。

利益与责任

生活授予自己不可避免的条件。愚人们千方百计地逃避这些条件，也有那一两个人说不知道，也从没接触过这些——嘴里是这么说，心里却知道有这些条件。可你躲过了一回，下一回的打击更加致命。如果从形式上，从外表上侥幸逃过去了，那是因为他拒绝了生活，抛弃了自我，等待他的只能是死亡。所有企图把利益和责任分开的做法都是注定要失败的。这表明，我们不能做这样的尝试，去试了就势必发疯。但是，如果反叛和分裂的病源出自意念，那马上就会影响智力，这样一来，人就再也无法在每件事物上看到完整的上帝了。他只可能看到它的感官诱惑，看不到它带来的感官损害；他只能看见美人鱼的头，看不见鱼的尾巴，而自以为有能力把他想要的和他不想要的分开来。

——爱默生

※ 智慧隽语 ※

所有企图把利益和责任分开的做法都是注定要失败的。

虚幻的哲学

我真正想了解我打算做什么，而不是我要知道什么。除非理解必须先于行动，要了解我自己，要看到上帝真正希望我做什么；要发现真正属于我的真理，要发现我能够为其生和死的观念。发现所谓的客观真理，寻找哲学体系。如果需要的话，能够检验它们，暴露各个体系中的矛盾，这有什么用处？——能够阐述一种国家理论，把全部细节合并成一个单一整体，如此构造一个我并不生活在其上的世界，而只是为对抗他人的观点，这样做对我有何益处？——倘若基督教对我本身和对我的生活没有更深的意义，而我能够解释它的含义，那对我有何益处？——如果真理冰冷地、赤裸裸地站在我面前，不关心我是否承认它，使我不寒而栗，不能信任地为它献身，那对我有何益处？我决不否认，我仍然承认理解是绝对必要的。决不否认，通过它，某种理解能够对人们产生影响。但是它必须纳入我的生活，这就是我现在承认的最重要的事情。

——克尔凯郭尔

※ 智慧隽语 ※

我真正缺乏的是，在心里弄清我打算做什么，而不是我要知道什么。

重大的任务

在重大的任务中，隐藏着好意的力量，也隐藏了使我们变成材料以及带给我们工作的手。

我们也应该在重大任务中，拥有我们自己的喜悦、幸福及梦想。我们只要将这美丽的背景放到我们的眼前，幸福与喜悦就会清楚地浮现出来，如此我们才能开始体会其中之美。

我们贵重的微笑在重大任务的黑暗中，也拥有某种意味。那就是——我们只能在这个黑暗中，当它有如梦幻般的光辉在一瞬间大放光明时，清楚地看见围绕在我们身边的奇迹与宝藏。

愿望快速地变大，渐渐地变强，一点也不会构成妨碍。我常常想问自己——终于实现的事情与愿望间，到底有何种关系？当然，愿望微弱时，我们可以将它视为半个愿望，但是当这半个愿望独立时，后面的半个也必须有所成就。

——里尔克

※ 智慧隽语 ※

我们只要将这美丽的背景放到我们的眼前，幸福与喜悦就会清楚地浮现出来，如此我们才能开始体会其中之美。

沉重的等待

我必须在安静中等待回响，所以我知道强烈地弄响它，事情反而越没办法顺利进行。

有时那阵响声出现，于是我就成为我内心深处的主人，而我的内心也会开放在隐藏光芒、美丽灿烂的黑暗中。所以，不必念咒语，如果时间允许的话，神也会给我所需要的东西。我所能做的只有更忍耐地等待及虔诚地忍受我的心。我的心一旦封闭，不管何年何月，它都会像一颗重石一样屹立不摇。但是，只要涉及到生活问题时，无论如何都得利用我与我的石头。不过，我总是帮不上忙，而在旁边不安着。所以，必须不管心的死活，单纯地就石头的形式来想办法。但是，我也没办法做到这一点。

所以我只能写出在不好的日子里死亡的话。但是，这些话就像尸体一样重，根本写不出什么好东西，连最简单的一封信也写不出来。

——里尔克

※ 智慧隽语 ※

我所能做的只有更忍耐地等待及虔诚地忍受我的心。

保持理性

成功对于任何人，不分彼此，均予以同一机会。你能努力，向上进的路上奔，定能成为一个成功者。英国有个盲人，因为能将他的才能尽力施展出来，不让机会轻易失去而成为一位誉满天下的大音乐家、大慈善家、大数学家，得到许多人的敬佩。这是我们很好的榜样。你如果要成功的话，那么，无论在什么环境里，要把你所有的能力一齐显示出来。无论在什么时候，一定要准备充足的能力。

如果你能这样的话，那么遇到困难，绝不畏缩，仅以困难为另一条成功之路的起点，仅以困难为另一种新努力的转向。虽然也许不免历经愁闷、痛苦和灰心，但是你若许下了最大的决心，一定会干成功的。

——卡耐基

※ 智慧隽语 ※

你如果要成功的话，那么，无论在什么环境里，要把你所有的能力一齐显示出来。无论在什么时候，一定要准备充足的能力。

生命的表现

生命是永恒不断的创造，因为在它的内部蕴含着过剩的精力，它不断地流溢，越出时间和空间的界限；它不停地追求，以形形色色的自我表现的形式表现出来。我们活生生的身体有各种生命器官，它们在保持身体功能方面是重要的，但是身体不是一个为盛放胃肠、心脏、肺和大脑之用的皮囊；身体是一个形象——它的最高价值在于它表现出人格。它有颜色、形状和运动，其中大多数都是多余的，它们的用处只是为了自我表现，而不是为了自我保存。

——泰戈尔

只有在感到欢喜或苦痛的时候，人才认识到自己；人也只有通过欢喜和苦痛，才学会应追求什么、避免什么。除此之外，人是蒙昧的，不知道自己从哪里来，向哪里去。他对世界知道得很少，对自己知道得更少。

——歌　德

※ 智慧隽语 ※

身体是一个形象——它的最高价值在于它表现出人格。

矢志改革

我们要使这世界不但适合过去的人，而且适合现在的我们；每一种习俗，如果它没有在我们自己的心灵里扎根，都必须扫除掉。一个人是为什么而生的？不过是做一个改革者，将前人所造成的东西重新创造过，否认谎言、恢复真理与善行，模仿那拥抱一切的大自然——它是从不在它悠远的过去上停留片刻的，而是时时矫正它自己。每一个早晨都给我们一个新的日子，在每一个脉搏里都给我们一个新生命。他应当否认一切他认为不真实的东西；应当将他的一切行为都追溯到它们原来的命运里；应当不做一件不是为全世界着想的事。即使我们因此而使自己变得这样衰弱、残废、以致可以遇到阻碍与所谓“毁灭”。然而为了要将日常的行动与神圣的神秘的生命深处重新联系起来，因之而遭灭顶，那也是像在馥郁的馨香中悠然地死去一样。

——爱默生

※ 智慧隽语 ※

我们要使这世界不但适合过去的人，而且适合我们；每一种习俗，如果它没有在我们自己的心灵里扎根，都必须扫除掉。

成长中的生活

生活由一连串的惊奇组成。今天，当我们还在构筑自身时，我们不对明天的心情、欢乐和力量做任何估测。我们可以说一些低落的情状、常规的行动和感觉，却无法弄清楚上帝的杰作、心灵的成长及普遍的运动，这些都是无法估算的。我可以知道真理是神圣的，而且有助于我。但它是怎样帮助我的，却无从知晓，因为存在是认知的唯一途径。成长中的人所处的新位置，往往拥有以往的所有力量，而且是以全新的方式拥有它们。它的花朵携带了以往所有的能量，而它自己则宛如清晨的薄雾。在这全新的时刻，我把以往珍藏的知识当做虚无和徒然，统统抛开。于是，好像生平第一次我发觉自己认识了开始。即使是最简单的词语，我们也可能发现不知其含义，除非我们本着爱心，孜孜以求。

——爱默生

※ 智慧隽语 ※

成长中的人所处的新位置，往往拥有以往的所有力量，而且是以全新的方式拥有它们。

为什么而工作

为了挣钱而工作，这在文明国度几乎人人都是这样。工作是手段而非目的，所以，人们对工作并不精心挑选，只要它能带来丰厚的酬金就行。

那种宁愿死也不干活的人越来越罕见了，要有，那就是难于满足的挑剔者，他们不以酬劳丰富而满足，除非工作本身使其满足。形形色色的艺术家和静观默察者属于这类怪人，还包括将其一生耗费在打猎、旅游、冒险和爱情交易上的人们。这类人也想工作，但工作必须符合兴趣。如果符合了，他们就不计艰危，最繁重、最艰苦的工作也干；否则就断然懒散下去，哪怕因此受穷、受苦、丢脸、发生健康和生存危机也全然不顾。他们并不怎么害怕无聊，倒是更害怕干没有兴趣的工作。

——尼　采

※ 智慧隽语 ※

工作是手段而非目的，所以，人们对工作并不精心挑选，只要它能带来丰厚的酬金就行。

人生在心中

“如果你认为人生不能没有谎言，人生是个大幻境的话，那是因为你的人生不是真正的人生。真正的人生不在这里，所以现在你非得再去寻找不可。”

“那么真正的人生在哪里呢？”

“在我的心中，在你的心中，在寻找真理的意念当中……如果真理不在我们心中呼吸的话，那么真理又如何能捕获我们呢？”

——希尔提

※ 智慧隽语 ※

在我的心中，在你的心中，在寻找真理的意念当中……如果真理不在我们心中呼吸的话，那么真理又如何能捕获我们呢？

内在与表面

一旦人类某种不可抵挡的内在力量发现了进入事物核心的途径，发出它欣喜若狂的反抗呼声，并大声宣告任何外在的、巨大的、野蛮的身躯也不能制服它之时，地球生命的历史上的伟大的一章就要掀开了。尽管它暂时显得那么孤立无援，然而，它不是已经走向胜利了吗？在我们的社会生活中，同样如此：一旦某种力量专心致志于外部活动并威胁要奴役我们内在的力量，以达到它自己的目的时候，那么，革命就爆发了。

——泰戈尔

对于那些看来最值得我们嘉许的事物，我们应当使它们赤裸，注意它们的价值，剥去所有提高它们的言词外衣。因为外表是理智的一个奇妙的曲解者，往往当你最相信你是在从事值得你努力的事情时，也就是它最欺骗你的时候。

——奥勒留

※ 智慧隽语 ※

外表是理智的一个奇妙的曲解者，往往当你最相信你是在从事值得你努力的事情时，也就是它最欺骗你的时候。

一生的使命

于是我必须问我自己，这一切与我都有什么关系?另外，如果我尽量利用我的一生，从中得到最大的好处，我又该如何对付这个世界?这不是我在说话，这是我心中的渴望在说话，这是每个人心中都有的意愿，那就是渴望坚持自己的存在。这就是自我主义，我们大家从来不知多少年以前开始使一切活动起来的那种远古的能是从哪里继承下来的。它是每种生物保持自我的本色所必需的，它使它们活着。这是人的根本。它的满足就是斯宾诺莎所说我们所能希望达到的最高极限——自我满足：“因为人们保存自己，并没有任何目的。”

——普鲁斯特

※ 智慧隽语 ※

它的满足就是斯宾诺莎所说我们所能希望达到的最高极限——自我满足。

注重观念的成长

你要记住下面这首小诗：

从监狱的栏栅，
两人远望，
一人看见死亡，
一人看见希望。

在对完美人生的追求中，一切都取决于这种参照体系，这种约定俗成的观点，这种对自己、对他人、对人生、对世界的基本观念。我们看到的就是我们得到的。

所以，如果你我都想变成更具人性，更具活力的创造者，我们一定要意识到我们的观念，并善心地恢复平衡，消除偏见。一切真正的、永恒的生长必始于此。我们能够诱使一个羞怯的人强装出一副自信的神情，但这只能是一个面具——一个面具代替了另一个面具。不能改变对现实的基本看法，不能改变我们的观念，我们就不可能有真正的改变，真正的成长。

——鲍威尔

※ 智慧隽语 ※

不能改变对现实的基本看法，不能改变我们的观念，我们就不可能有真正的改变，真正的成长。

义务的意识

一个人意识到义务也就等于意识到存在于自己灵魂中的神性。

人的价值存在于精神的根源中——这有时候被称为理性，有时候被称为良心。这个根源超越时间与空间，具有不变的真实性与永恒的理性。它将在一切不完美中发现完美，它与一切偏颇的、利己的事物是相抵触的。它以强而有力的声音告诉我们：邻人是和我们不同样价值观的存在者，他们的权利是和我们的权利一样神圣不可侵犯的。它命令我们接受真理，即使那真理跟我们的傲慢互相矛盾；它也命令我们做正人君子，即使那样做可能对我们不利。这个根源是存在于人类心里的神之光。

——柴　宁

※ 智慧隽语 ※

一个人意识到义务也就等于意识到存在于自己灵魂中的神性。

生命的欢愉

总的来说，我所做的恰好是自己想做的事，我对自己所做的事可能会对别人产生什么影响不感兴趣。我写文章、出书并不是为了取悦于人，而是为了自己的满足，正如一头母牛产奶不是为了使牛奶商获利而是为了自己的满足一样。我希望自己的大部分思想是健全的，但我其实并不在乎。世人可以对它任意取舍，反正我在构思它时已经得到了乐趣。

我认为，幸福感的来源除了令人满足的工作以外，就要数赫胥黎所谓的家庭感情了，那是指与家人、朋友的日常交往。我的家庭曾遭受过重大的痛苦，但从未发生过严重的争执，也没有经历过贫困。我和母亲及姐妹在一起感到十分幸福。经常和我交往的人大多是我多年的老朋友。我和其中一些人已有30多年的交情了。我很少把结识不到10年的人视为知已。这些老朋友使我愉快。当工作完成时，我总是怀着无法压抑的渴望去找他们。

——门　肯

※ 智慧隽语 ※

总的来说，我所做的恰好是自己想做的事，我对自己所做的事可能会对别人产生什么影响不感兴趣。

至　美

结合有三种：思想之结合、情感之结合、意志之结合。思想之结合是知识，情感之结合是爱，意志之结合是服务。分裂也有三种：错误、憎恨、斗争。促进分裂的是本能，也是人的兽性部分；促进结合的是知识、爱和相继而来的服务，那种组合就是智慧，是人的至美。

本能生活将世界中的一切事物看做是达到本能目的手段，因此它认为世界中的一切不如自己重要。它使知识限于有用的东西；使爱限于敌对本能的冲突中的盟友；使服务限于对那些本能上与己有关的人。它所居住的世界是一个狭小的世界，被陌生的或敌对的力量所包围，它被囚禁于一个被围困的堡垒里，它知道最后的降服是不可避免的。

智慧生活所寻求的是无私的目的，其中没有竞争，没有仇恨。它所寻求的结合是无限的，它想知道一切，爱一切，为一切服务。它到处为家，没有墙垣能阻止它的前进。

——罗　素

※ 智慧隽语 ※

智慧生活所寻求的是无私的目的，其中没有竞争，没有仇恨。它所寻求的结合是无限的，它想知道一切，爱一切，为一切服务。

生命的真实

人们不想和生命分手，虽然大多数人的生活并不是由巨大的痛苦和巨大的欢乐所组成，而是由劳动的汗味和简单的肉体满足所组成。但同时，许多人只是以随遇而安的心态将梦想与现实分开，只有经常会折断的爱和艺术的细竿有时会将他们联结到一起。

但是由于清醒的理智和想象所产生出来的人类意识终究包含着整个宇宙，包含着它星星般发出的种种神秘的冰凉的恐怖，也包含着人的诞生及短暂生命具有规律的偶然性悲剧。但即使这样不知为什么也没有引起绝望，也没有使他的行为具有毫无意义的枉然感。这就像聪明的蚂蚁总是不停止它们孜孜不倦的工作一样，显然它们是为了让工作有用而操心。

人似乎觉得他在地球上有至高无上的权力，所以人确信他是不朽的。他长期以来一直没有想到，夏天会变为秋天，青春会变成衰老，甚至最亮的星星也会熄灭。

——邦达列夫

※ 智慧隽语 ※

人似乎觉得他在地球上有至高无上的权力，所以他确信他是不朽的。

爱的圣地

人类与爱

支持每个人活下去的并不是因为他会独自思考，而是因为发现每个人心中都有爱的存在。

世人或许认为自己是在为自己每日的工作活着，事实上大家是为了爱而活着的。假如人的心中没有爱，也就没有一个婴儿能够长大，人类也就无法继续延续下去了。

每个人都因爱而活着。而对自己的爱是死的开始；对神与人类的爱却是生的开始。

假如不能原谅朋友，也就是不爱朋友。真正的爱是无边的。而且如果那是真正的爱，也就没有任何无法原谅的侮辱存在。

只爱我们所喜欢的人，这种爱不能算是真正的爱。真正的爱是对存在于别人心中也存在于我们自己心中的那同一个神的爱。由于这种爱，我们不但能爱自己的家族，爱那些也爱我们的可亲的人，同时也能爱凶恶可憎的人。当我们能如此去爱的时候，会比只爱同时也爱我们的人得到更大的喜悦。

——托尔斯泰

※ 智慧隽语 ※

真正的爱是对存在于别人心中也存在于我们自己心中的那同一个神的爱。

广博的爱

我们的善意，用言辞表达出来的只是极小的一部分。除去那些如阴冷的东风般的自虐之心，整个人类大家庭都沐浴在爱的温暖之中。有多少人，只和我们偶尔相遇，连话都没有怎么说，可我们却尊敬他们，他们也尊敬我们。又有多少人，只和我们在街头擦肩而过，或是在教堂中一同祈祷，我们虽然没说什么，但心里却为能和他们在一起而感到衷心的愉悦！去读一读那飘忽的目光中包含着的语言吧，心会读懂的。

当沉醉在人类的这种爱中时，我们感到的是一种亲切的暖意。在诗歌和日常交谈中，这种对别人的善念和满足之情常常被形象地比做火焰。这种心中的火焰烧得那么迅猛，甚至比真的火焰更迅猛，更有活力，也更能使人振奋。从最痴情的爱恋到最不起眼的好意，这些爱心使生活变得甘甜如蜜。

——爱默生

※ 智慧隽语 ※

这种心中的火焰烧得那么迅猛，甚至比真的火焰更迅猛，更有活力，也更能使人振奋。

自愿爱人

我认为一个人爱护别人必须是自觉自愿的。我最希望这个世界上的人们重新像孩子一样勇于流露自己的情感，易于接受别人的思想和感情。看着我们自己的样子吧！我们太习惯于受别人的想法束缚，以至于丧失了我们自己的特性。

爱人的人不会满足于保持个性、发展个性，甚至为维护个性进行战斗。他愿意成为一个伟大的人，因为他知道只有自己伟大了，他才可能施福于他人。

“人所思少于所知远矣，所知少于所爱又远矣，所爱少于所有更远矣。故而准确地说，人的所为少于所能。”

——巴士卡里雅

※ 智慧隽语 ※

我最希望这个世界上的人们重新像孩子一样勇于流露自己的情感，易于接受别人的思想和感情。

爱的旅程

爱是有目的的旅程。因此，它是从对立目标出发的旅程。爱朝着天堂进发，可它又是从哪儿出发的呢?地狱。地狱是什么?爱，说到底是个正无限，那么，负无限又是什么呢?其实，正负无限是一回事，因为世界上只有一个无限。这样看来，要到达无限，朝天堂抑或是朝地狱进发没有什么不同。既然殊途同归，两个方向得到的都是无限，同质的无限，既可能是虚无，也可能是一切。那么，我们走哪条道都无关紧要。

无限，爱的无限并不是目标。那只能是死胡同或无底洞。堕入无底洞也就开始了没完没了的旅行，而让人心悦的死胡同则可能是完美的天堂。可是，到达一个四处面壁、平静的死胡同天堂，获得一种毫无缺憾的幸福，恐怕并不能满足我们的心。而堕入无底洞，进行永无休止的旅程也同样不合我们的心意。

爱不是目的，只是旅程。同样，死亡也不是目的，它是摆脱现在进入原始混沌状态的旅程——万物在原始混沌状态中都能得到再生。因此，死亡也只是死胡同或无底洞而已。

——劳伦斯

※ 智慧隽语 ※

爱不是目的，只是旅程。

爱的最大益处

我们最感谢爱的一点，不只是对方能回应我们爱，而是当我们开始真正去爱时，就能强化自己本身的特质，增强活力。现世生活中如果不这样的话，是非常冷漠的，然而爱带给它温暖。光是这一点，就已经是一种幸福，即使必须把产自于这里的其他东西完全置之度外……

“爱”真的是具有生命的灵魂，所以完全放弃“爱”的人，就失去了这个灵魂，这实在是无法弥补的损失。

没有灵魂的人无法生存下去，他不只丧失了现在的生命，也失去了未来的生命。

只要有爱，就能克服任何事情。没有爱的人，一辈子都将处在自己与别人的交战状态中，最后疲倦地走上厌世之路，甚至憎恨人类。然而，在最初要下决心获得“爱”时，实在非常困难，所以必须接受上帝的引导，长久不断地学习，直到能够做到为止。

——希尔提

※ 智慧隽语 ※

我们最感谢爱的一点，不只是对方能回应我们爱，而是当我们开始真正去爱时，就能强化自己本身的特质，增强活力。

爱无限

爱的界限！还有什么比对爱进行限定更糟糕的事情呢?那无异于企图阻挡汹涌的波浪，拖住春天的脚步，使五月不得踏入六月，使山楂成为永不落地的果。

我们一直认为，这种无限的爱，普遍而令人喜悦的爱，就是不朽。然而，它除了是监狱和束缚之外还能是什么呢?世上除了亘古流淌的时间以外还有什么是永恒?除了人类不断地向太空发展以外，又有什么无限?永恒、无限，这是我们对静止和终点的理解，可它们除了是不停旅行以外，又能是什么呢?永恒是时间方面的不停旅行，而无限则是空间方面的不断发展。无须赘言，再来看看不朽。在我们的头脑中，它除了是同一事物的无穷延续外又能是什么呢?延续、永生、持久——要做到这些，除了旅行还有什么别的方法?无限怎么可能是终点?无限不是终点。确切地说，无限和不朽，就是指同一事物沿着同一方向持续不断地向前运动。这就是无限，即持续不断地朝一个方向运动。

——劳伦斯

※ 智慧隽语 ※

无限和不朽，就是指同一事物沿着同一方向持续不断地向前运动。

充满爱心的做法

没有“爱”，不可能有真正的幸福。

有“爱”，便绝对不会有永远的不幸……

“爱”比所有的一切都能使人贤明。“爱”能赐予我们对人类和事物本质正确而透澈的洞察力。爱也能使我们看透什么是帮助人类的最正确的道路和方法。

因此，在一般的情况中想要解决某问题时，不要问什么是聪明的策略，而要问什么是最充满爱心的做法，因为这比思索聪明的策略更简单明了。

即使脑筋不太灵光的人，只要不是有意欺骗自已，也一定能够了解什么是最充满爱心的做法；但最有才能的人，却无法单在脑中做出正确预测或判断将要发生的一切事情。

只有非常卑微的人才拥有爱的力吗？(这样的爱不如说是友情。) 那样的事，在你一生中也会经验到，因此不可因惊讶而舍弃爱。不管怎么说，那是最靠近上帝，同时也是世间至善之物。

——希尔提

※ 智慧隽语 ※

在一般的情况中想要解决某问题时，不要问什么是聪明的策略，而要问什么是最充满爱心的做法，因为这比思索聪明的策略更简单明了。

爱　怜

爱怜是由于习惯，由于休戚相关、相互便利和做伴的需要而产生的。它是安乐而不是欢乐。我们是在变化的，我们生活在变化的氛围之中，我们那仅次于饮食的强烈本能不顺应这个规律吗?今年的我们不再是去年的我们，我们所爱的人也是如此。如果我们自己改变了而还继续爱着一个变了的人，那是难能可贵的。一般情况下，我们自己变了样，需要可怜地勉强做出极大努力，为的是去爱一个我们曾经爱过而如今变了样的人。这仅是因为爱情的力量在抓住我们的时候是那么强大，所以我们会使自己相信，它是海枯石烂始终不渝的。当它衰退的时候，我们感到惭愧，我们被愚弄了，还责怪自己不坚贞，其实我们应该认识到变心是由于我们人类受到自然的影响。

——毛　姆

※ 智慧隽语 ※

爱怜是由于习惯，由于休戚相关、相互便利和做伴的需要而产生的。

完美的关系

一个人一生中只要有人能对他说："不管怎样，我都爱你。你也许很愚笨，你也许会摔跟头、做错事、犯错误，只要你像一个人一样生活，我就爱你，不管怎样"，那么他肯定不会进精神病院。婚姻应该是这样的，但是现实如此吗?家庭也应该是这样的，但是现实如此吗?社会自然不可能对某一个人说出来这样的话，因为社会要对那么多人负那么大的责任，但是你生活中任何一个你接触的人都可以对你说这样的话。我很喜欢罗伯特·弗洛斯特给家庭下的定义："家是一个你走进去便有人接纳你的地方。"家庭就应该是这样的，它应该像一个人对你说："进来吧。你过去愚蠢，但这没有关系，我不会重新提起了。我爱你。在我眼里，你就是现在的你。"这就是我所谓的引导。

——巴士卡里雅

※ 智慧隽语 ※

一个人一生中只要有人能对他说："不管怎样，我都爱你。你也许很愚笨，你也许会摔跟头、做错事、犯错误，只要你像一个人一样生活，我就爱你，不管怎样"，那么他肯定不会进精神病院。

理性与盲目

真正的爱，不管你怎样说，都始终是受到人的尊重的，因为尽管爱的魅力能使我们陷入歧途，尽管它不把那些丑恶的性质从感受到爱的心中完全排除，而且，甚至还会产生一些丑恶的性质，但它始终是受到尊重的，没有这种尊重，我们就不能达到感受爱的境地。我们认为是违反理性的选择，正是来源于理性的。我们之所以说爱是盲目的，那是因为它的眼睛比我们的眼睛好，能看到我们看不到的关系。在没有任何道德观和审美观的男人看来，所有的妇女都同样很好，他所遇到的头一个女人在他看来总是最可爱的。爱不仅不是由自然产生的，而且它还限制着自然的欲念的发展；正是由于它，除了被爱的对象以外，这种性别的人对另一种性别的人才满不在乎。

——卢　梭

※ 智慧隽语 ※

爱不仅不是由自然产生的，而且它还限制着自然的欲念的发展；正是由于它，除了被爱的对象以外，这种性别的人对另一种性别的人才满不在乎。

仁 爱

爱情并不总是盲目的，最可悲的恐怕莫过于一心一意去爱一个你明知不值得爱的人了。

但是仁爱并没有那种昙花一现的色彩，那是爱情的无可弥补的缺陷。诚然，仁爱并非完全不含有性的因素。它好比跳舞：一个人跳舞是为了有节奏的行动的乐趣，不一定想同他或她的舞伴发生进一步的关系。不过只有跳的时候不觉得讨厌，才是有趣的运动。在仁爱里面，性的本能升华了，它给这种情绪加入它固有的热烈生动的活力。

仁爱是善的更好的一面。它使善的严肃的性质变得温厚，使得人们可以稍为容易地遵守自治、自制、忍耐、奉公守法和宽容等比较细小的德行，那些属于善的消极而不太令人振奋的因素。善似乎是这个表面的世界上惟一可以说是本身具有意义的价值，美德就是它的报酬。

——毛　姆

※ 智慧隽语 ※

仁爱是善的更好的一面。它使善的严肃的性质变得温厚。

激情的悲哀

其实，当我们开始恋爱时，我们的经验和我们的智慧——不顾我们富于情感的心灵，甚至对爱情的永恒幻想的反对——经常告诫我们，有朝一日，我们也会对我们赖以为生的这个精神上的爱人无动于衷，正如我们现在对除此之外的所有一切无动于衷一样……我们听到她的名字不会感到一种肉体上的痛苦，看到她的笔迹也不会发抖；我们不会为了在街上遇见她而改变我们的行程，即使碰到她，我们也不会惊慌失措，我们将不带幻想毫无狂热地占有她。于是这种明确的预见让我们流泪，尽管我们始终热衷于如此强烈的荒唐预感。而爱情，即将像无比神秘而又哀伤的奇妙早晨降临到我们身上，在我们的痛苦前面略微展示了它那深邃而又奇异的宏大前景以及它那迷人的悲痛……

——普鲁斯特

※ 智慧隽语 ※

有朝一日，我们也会对我们赖以为生的这个精神上的爱人无动于衷，正如我们现在对除此之外的所有一切无动于衷一样……

爱人的人

作为一个爱人的人，如果你还不知道这些问题的答案，就应该去思索一下了。一个真正的爱人是愿意把自己最美好的东西贡献给对方的，这就意味着他必须努力发展自己身上与众不同的奇特才能。不管别人怎样讲，反正这个世界上的人都互不相同，这正是世界的奇妙所在。没有两个人是相像的，每个人都不一样。假如我们能够早一些使这个女人了解自己的个性，教给她如何发展自己的个性，使她看到与人分享自己奇特才能的美好结果，那该有多好!

——巴士卡里雅

※ 智慧隽语 ※

一个真正的爱人是愿意把自己最美好的东西贡献给对方的，这就意味着他必须努力发展自己身上与众不同的奇特才能。

爱情与爱怜

人生最大的悲哀不是人会消亡，而是他们会终止相爱。生活中不是最小、但却常是无可奈何的邪恶之一，就是你所爱的人不再爱你。拉·罗什福科发现，两个情人之中总是一个爱而另一个让人爱。他说的这句警句道出了终将永远妨碍人们在爱情中获得完美幸福的秘密。不管人们怎样嫌恶这事实，怎样愤怒地矢口否认，爱情总是少不了一种性腺的分泌，这当是毋庸置疑的。对于极大多数的人，同一的对象不会永久引发出他们的这种分泌，还有随着年龄增长，性腺也萎缩了。人们在这个问题上十分虚伪，不肯面对现实。当他们的爱情衰退到他们称之为坚贞不渝的爱怜时，他们是在欺骗自己，而且竟至于还能安之若素，沾沾自喜。难道爱怜与爱情可以同日而语吗？

——毛　姆

※ 智慧隽语 ※

拉·罗什福科发现，两个情人之中总是一个爱而另一个让人爱。他说的这句警句道出了终将永远妨碍人们在爱情中获得完美幸福的秘密。

男女对爱情的偏见

尽管我对一夫一妻制的成见做过让步，但我绝不承认人们的这一观点：这种婚姻关系中的男女双方是平等的。根本不存在所谓的平等。男女双方对爱情的理解是不同的，对爱情的前提条件，即一方不应要求另一方的情感及爱情观与自己雷同，理解也有差异。

女人的爱情观是显而易见的，那就是彻底的灵与肉的奉献，毫无保留，毫无顾忌，甚至一想到奉献如若带上附加条件就感到羞愧、惶然。在这种无条件奉献的情况下，男人的爱情便只是一种信念。女人没有别的信念。男人一旦爱上一个女人，他就要从女人那里得到爱。这样，他与女人之爱的前提条件就相距十万八千里。除非世上也存在要求自己完全奉献的男人，果真如此，他们也就不是男人了。男人如果像女人那样去爱，他就会为奴隶；但女人如果像女人那样去爱，她就会成为更加完美的女人……

——尼　采

※ 智慧隽语 ※

男人如果像女人那样去爱，他就会为奴隶；但女人如果像女人那样去爱，她就会成为更加完美的女人……

完整的爱

爱是困难的。然而，使爱变成比其他东西更困难的是当爱越来越高时，就会产生放弃自己的冲动。

但是，请仔细地考虑清楚，不把自己的爱当成是完美完整的东西，而将自己零零散散付予偶然，或随自己兴之所至爱到哪里就到哪里，难道就是件美事吗？既然这种赠予，和任意抛弃、损毁有异曲同工之妙，那还能算是件好事吗?或是还能算是幸福、喜悦、进步吗?不，当然不是这样……

当你送别人花时，你不会事先将花稍微整理一下吗？

彼此相爱的年轻人，经常已被彼此急切的热情与冲动冲昏了头。在彼此抛弃自我及忙乱的献身中，全然没有发觉双方在互相尊重对方上，是否存在任何的缺点。所以，当无意间遇上了由琐事引起的两个人之间的纷争时，便开始生气，并且开始注意两个人之间的差异。

——里尔克

※ 智慧隽语 ※

不把自己的爱当成是完美完整的东西，而将自己零零散散付予偶然，或随自己兴之所至爱到哪里就到哪里，难道就是件美事吗？

爱情之于男女

女人无条件放弃自己的权利，这激情的先决条件是男人不要有同样的激情，不要做同样的放弃。倘若双方都为爱情而放弃自我，我真的不知道会出现何种结果，也许是人去楼空吧?女人希望男人把她当做占有物接受，希望完全献身于“被占有”，故而期盼得到一个接受她的男人，而这男人又不付出什么，相反只能使他变得更丰富，亦即经由女人的奉献使他的力量、幸福和信念不断增强。我想，“女人奉献男人接受”这一理所当然的矛盾，人们是不可能通过任何社会契约、也不可能经由要求平等的良好意愿而超越的。那么，符合心愿的倒是，不要老是把这一矛盾的冷酷、可怕、难于理喻、不道德等属性置于眼前，因为从全面考虑，爱情乃是天性，大凡天性总是有点“不道德”的。

女人的爱情还包括忠诚，它是从爱情定义中派生出来的；而在男人，忠诚很容易被当做爱情的后果，比如当做谢意、特殊的情趣、所谓的心灵亲睦等，但从不属于男人之爱的本质。

——尼　采

※ 智慧隽语 ※

女人无条件放弃自己的权利，这激情的先决条件是男人不要有同样的激情，不要做同样的放弃。

永不凋零的生命

追随生命的永恒

找到自己的倾向，这是幸福。生命没有别的目标。至于其余的，至于目的，河水负责把我们送到那儿。我们只能和河水融为一体，把自己和活着的人们结合起来。什么都不要停滞？生命在迈步……向前进？即使在死亡中，波浪在推送我们。

时间来到，生命走向终点，这时，一道道的亮光中，种种极端完全成了一致：令人头昏目眩的活动和一动不动的静止成了一回事。生命的圆弧结束了，分离的两端又衔起来。于是永恒之蛇自己咬住了尾巴。既然已经没有开始与结尾，人再也不知道什么是未来，什么是过去。我们将要生活的，我们已经生活过了。

当这一时刻来临，收拾行李已迫不及待了。

——罗曼·罗兰

※ 智慧隽语 ※

找到自己的倾向，这是幸福。生命没有别的目标。至于其余的，至于目的，河水负责把我们送到那儿。

永恒的基石

在这些人的生命中，我们能找到他们相信生命永恒的信仰基础。然后，当我们深入体会自己的生命之后，我们也能在自身中找到这个基础。基督说，他在生命的幻影消失之后仍将活着。他说这话是因为他在自己的肉体生存时就已经步入了真正的生命，而这生命是不能终止的。他在肉体存在的时候已经生活在从另一个生命中心射来的光线之中了，他已向那个中心走去，并且在自己生前就已看见这种光线在照亮他周围的人。每一个抛弃个体的、理性的、爱的生命生活的人看到的也正是这些。

无论人的生活圈子是多么窄小，无论是基督，是苏格拉底或者是善良的默默无闻的具有自我牺牲精神的老人、青年、妇女，无论哪一个人，只要他为别人的幸福抛弃了个人利益而活，他在此时此地也就会进入到一种与世界的新的关系中。对这种关系来说，死亡不存在，建立这种关系是所有人一生的事业。

——托尔斯泰

※ 智慧隽语 ※

他在肉体存在的时候已经生活在从另一个生命中心射来的光线之中了。

微渺的人

我们恐怕不能解释，为什么给人的期限不是900年而是70年，为什么青春是如此闪电般迅速和短暂，为什么衰老又是如此漫长。我们也无法找到回答：有时善与恶就像原因和后果一样是不能分离的。无论这是多么痛苦，但是却不值得去重新评价人对自己在地球上的位置的理解——大多数人都没有被赋予认识生存意义，认识自己生命意义的能力。一定得度过赋予你的生命的期限，才有根据说你生活得正确与否。怎样按别的方式思考这个问题呢？是用可能性和教益性的命中注定的抽象思辨吗？

但是，人总是不愿意承认他只是地球这粒尘屑中极微小的一分子，从宇宙的高度是根本看不见他的，而且他不能认识自己，因而粗鲁地深信他能了解宇宙的秘密和规律，当然也就能使它们服从自己日常的利益。

——邦达列夫

※ 智慧隽语 ※

一定得度过赋予你的生命的期限，才有根据说你生活得正确与否。

内部的生命

人们总是写一个人毕生经历的故事。人们以为通过经历的种种事实，就可以看见生命。这不过是生命的外表。生命是在内部的。人生经历对生命的影响只发生在生命选择了它们的情况下，几乎可以说：产生了它们。在许多情况下，这是确实的真理。每个月总有几十件事在我们身边经过，它们对于我们无关紧要，因为我们不知道拿它们做什么用。可是，如果这些事中的某一件事触动了我们，十之八九是我们主动上前迎接它，使它少走一半路。如果说这件事冲击我们，使我们身上的一条弹簧发动起来，那么这根弹簧是事先卷紧了的，它早就在等外力来触动它。

当人走到路的尽头，好处就在可以重新从头到尾走一遍。这样，人就什么都认识，什么都可以享受。在刚刚开始的时候，这都是办不到的。

——罗曼·罗兰

※ 智慧隽语 ※

人们以为通过经历的种种事实，就可以看见生命。这不过是生命的外表。

死之惑

我们最感到好奇的就是死，那是生存到最后，最勇敢的体验。因为我认为在所有认识和体验中，只有能让我们豁出生命的东西，才值得追求，才能给予我们满足。

“我不相信彼岸，彼岸并不存在；枯木永远是死的，冻死的鸟也不会再苏醒。人的死亡也是一样。人不在时，短时间会惦记那个人，但不会持续太久。现在我对死有兴趣，是因为它可以让我回到母亲的身边，而这只不过是我永不改变的信仰和梦而已。我认为死是极大的幸福，和初恋的成就一样。令我无法回避的是，再次引领我进入无知纯洁之中的不是自杀身亡，而是母亲。”

——黑　塞

※ 智慧隽语 ※

我认为在所有认识和体验中，只有能让我们豁出生命的东西，才值得追求，才能给予我们满足。

身之外的死亡

为什么能体验死亡却无法体验它的真正意义？死亡对我们而言，虽然是能了解透彻的，但是我们从不曾正确地认识死亡。死亡伤害了生命，它是从生命中崭露头角的。它在我们发现生命意义的过程中，不曾成为我们的累赘而被我们排除在外。由于死亡非常接近我们，因此当我们无法确认死亡与我们内在生命中心间的距离时，死亡就已经在我们的外围，逐渐地逼近我们，潜伏在天空的某个角落，使用心术不正的方法来突袭任何人。

对死亡的嫌疑越浓厚，死就越会变成我们的敌人。死亡是漂流在空中目不可见的对抗者，只要一接触它，我们的喜悦立即枯萎，我们看起来就像一块不知道自己何时会破碎的玻璃。

所以死亡是身外之物，是完全有别于我们生活的东西。

——里尔克

※ 智慧隽语 ※

死亡对我们而言，虽然是能了解透彻的，但是我们从不曾正确地认识死亡。

对死亡的思索

自由的人对人生比对死亡关心得更多。

人只有过精神生活的时候才是自由的。对精神而言，死是不存在的，因此过精神生活的人不再受死的束缚。

你必须随时做这样的准备：无论你做什么事，总有一天你得停下来，因此尽所有的力量去做你的事情吧？

若希望无所畏惧地面对死，你只要看看那些为生命倾尽一切的人是怎样一种状况。

——斯宾诺莎

※ 智慧隽语 ※

人只有过精神生活的时候才是自由的。对精神而言，死是不存在的，因此过精神生活的人不再受死的束缚。

轻视死

道德赐给我们的最大祝福便是轻视死。这方法使我们的生命得到一种温柔的清静，使我们感到它的甘美与纯洁的滋味，没有这一点，其他一切快乐也会随之熄灭。所以一切学派在这一点上皆辐辏和契合如一。虽然他们异口同声教我们怎样蔑视痛苦、贫穷以及其他人类生命所容易感受的种种灾难，可是谁也没有能说得那么详尽周到，因为他们体验这些苦难也不十分深切。有些人毕生不曾尝过贫穷的滋味，有些完全不知痛苦与疾病，譬如音乐家鲜诺菲路斯就无病无痛地活足106岁；万不得已时，如果我们愿意死，死还可以了结一切别的不安，把它来个一了百了。

——蒙　田

※ 智慧隽语 ※

这方法使我们的生命得到一种温柔的清静，使我们感到它的甘美与纯洁的滋味。

死只是一种变化

我绝不认为生到世界上来，在世界上过这样的生活是悲哀的事，因为我们有理由相信自己生来是有某种贡献的。而当死来临的时候，我便像走出客栈那样踏出人生、舍弃生命；因为我们晓得我们在世上的存在只有一个过程，是暂时的——这是我们无法逃避的命运。

——西塞罗

提出死后如何的问题时，必然是把未来当成隐藏着未出现的东西。但那样的未来其实是不存在的，因为未来应该是与时间有关，可是我们由于死亡便走出时间之外了。

——托尔斯泰

※ 智慧隽语 ※

我绝不认为生到世界上来，在世界上过这样的生活是悲哀的事，因为我们有理由相信自己生来是有某种贡献的。

善用生命

死与空虚比较还没有那么可怕，如果有比较空虚的东西。无论生或死都与你无关：生，因为你还在；死，因为你已经不在了。

没有人在他的时辰未到之前死去。你所留下来的时间，与你未生前的时间一样不属于你，而且亦与你毫无关系。

你的生命尽处，它亦尽在那里。生命的用途并不在长短而在于我们怎样利用它。许多人活的日子并不多，却活了很长久。趁你在的时候留意吧。你活得充分与否，全在你的意志，而不在于年龄。你以为永远不会达到你每时每刻都在向那里行进的目的地么？没有一条路是没有尽头的。如果伴侣可以安慰你，全世界可不是跟你走同样的路么？

——蒙　田

※ 智慧隽语 ※

生命的用途并不在长短而在于我们怎样利用它。

一生的历程

你并不知道自己是怎么来到世界上的，你只知道自己就是以现在的样子来的。而你来到世界之后，你便不停地向前走，等走到人生的半途，突然不再感到惊奇与欣喜，只想在此停下来，不愿继续往前走，因为最后会走到哪里我们不得而知。可是你不是也不知道你的来处吗？尽管如此你还是来了，你从入口进来了，你不想从出口出去吗？你的一生也是你的一条心路历程。在你不断向前走的时候，突然会因有一天将走到尽头而感到悲哀，你害怕自己的状态将由于死亡而发生大变化，但你不是也由于诞生而起了大变化吗？这种变化不但未带来坏事，不是还带来好事吗？例如你现在舍不得离去这件事。

——托尔斯泰

※ 智慧隽语 ※

你的一生也是你的一条心路历程。在你不断向前走的时候，突然会因有一天将走到尽头而感到悲哀，你害怕自己的状态将由于死亡而发生大变化，但你不是也由于诞生而起了大变化吗？

生死之题

与生命的永恒相比，这是在运动、美、情感和不完善的现象的形式中一种封闭的空间，而人们则是它们忠顺的仆从。只是目前谁也没能彻底明白，这一切都是为了什么，为何而生，为何而死。这是什么——是物质形式的变态？是灵魂？是幸福？是过渡的桥梁？或者就仅仅是这个世界的日常现象，而这个世界或许就是被创造得如此使人不能去向它提出“孩子气的”问题。但对生命的所有场合都能做出答案的、虚伪的乐观主义是一种屏风的形式，在这屏风后面隐藏着睡眼惺忪、饱食终日的面目。谁像感受自己痛苦一样努力去感受别人痛苦，谁愿意倾听痛苦和求援的呼声，那么他就是在临难的时候都不会停止寻求答案，选出一种有着较近的通往仁慈之路的绿色平原形式。

——邦达列夫

※ 智慧隽语 ※

谁像感受自己痛苦一样努力去感受别人痛苦，谁愿意倾听痛苦和求援的呼声，那么他就是在临难的时候都不会停止寻求答案。

死亡如归去

对临死的人而言，要了解世上的一切事物是困难的，但这并不是因为他失去理解力所致，而是他感觉到一种异样的东西是活着的人所不了解，也不可能了解的，这个东西把他的一切都吞噬了。

人活着的时候，似乎是以烛光来读一本充满恐怖、欺骗、悲哀或邪恶特质的书。而死的刹那，这一盏烛光会比平时放射出更强烈的光，把一向藏在暗地里的东西照亮了，然后黯淡下去，并永远消失。

我们不能不为死做准备，这并非指祭拜仪式或处理善后的事情，而是指为最好的死法做准备。临死的刹那，人似乎已经在完全不同的另一个世界了，这也是胜利的刹那。因为他的话和行为对活着的人具有特别的影响力，所以我们必须充分利用这样一个严肃的瞬间。

——托尔斯泰

※ 智慧隽语 ※

临死的刹那，人似乎已经在完全不同的另一个世界了，这也是胜利的刹那。

超越生死

人类是永远在学习中的一种存在物。有些人虽然死了，但他们所思索的真理，所发现的真理是不会跟他们一起消失的，人类把这一切都保存在宝库中。我们享用先人留下来的一切东西；我们每一个人从生下来就投入到先人勤劳的成果形成的思想或信仰的气氛中，而我们在不知不觉中给未来人类的生活也将留下珍贵的东西。人类的生活、人类的教育就像东方金字塔的建立那样，从旁边经过的人都要为它堆上一块石头。生命非常短暂的我们，虽然不久就要离开世界，却共同为人类教育的完成而努力。人类的教育进步缓慢，却一直不断在向完美的境界迈进。

——马志尼

※ 智慧隽语 ※

有些人虽然死了，但他们所思索的真理，所发现的真理是不会跟他们一起消失的，人类把这一切都保存在宝库中。

永生的青年

青年人相信自己永生，这是一句很有道理的格言。这种永生感使我们去改革周围的一切。处于青春年华的人仿佛觉得自己似神仙一样长生不老。不错，光阴荏苒，生命中的一半已流逝。但满载无穷珍宝的另一半正向我们招手。面对锦绣前程，我们充满无限的希冀和神奇的幻想，未来属于我们。——展现在我们面前的是广阔无边的远大前程。

——爱迪生

对于我们，死亡和衰老是毫无意义的字眼，就像耳边风吹过，我们不屑一顾。别人也许承受过生老病死的痛苦，也许还要忍受它们的折磨。——而我们的生命“却有魔法保护”，它无情地嘲笑着所有那些病态的幻境。犹如在开始愉快的旅行时，我们热切极目远眺——

欢呼着远方美好的景象。

——卢　梭

※ 智慧隽语 ※

面对锦绣前程，我们充满无限的希冀和神奇的幻想，未来属于我们。

不幸是人生的试金石

感觉病痛是我们保全肉体的必要条件，同样的，苦恼是我们保全精神的必要条件。

空气的压力一旦除去，我们的肉体便会遭受破坏；同样的，人的生活如果除去贫困、劳苦或其他痛苦命运的压力，人便会扩大其自负心理。虽未必能达到毁身的地步，但至少会陷于愚昧、狂乱的状态。

人的真正幸福其实就是在尝试生活中的种种不幸。因为一个人即使遭遇到被放逐之类的命运，以致不再相信任何世俗的欢乐，这种遭遇却更能将他的心灵引入神圣的孤独领域，另外当一个人意念纯洁、行为正当，却仍遭到别人的恶评，反对与责备之声四起的时候，也是他真正幸福的时候。因为这将使他更懂得谦让，并拥有虚荣的解毒剂。而尤其主要的原因是：当我们为世人所轻视，不再为人所尊敬，爱也离我们远去的时候，我们方始能确确实实跟存在于我们心中的神沟通。

——凯姆比斯基

※ 智慧隽语 ※

人的真正幸福其实就是在尝试生活中的种种不幸。

直面痛苦

痛苦可以教育某些人，可是对于另一些人，痛苦反而使他们迷失方向。有时他们没有抵抗，让痛苦把自己压垮，有时他们为了自救，接受任何消遣的办法。

如果平平静静地躺在床上生病或死亡，不用操心自己的亲人以后会怎样，这种疾病和死亡也算奢侈品，不过生活在奢侈中的人们不觉得这是奢侈品。不论为什么痛苦，真的痛苦，还是人为的痛苦，痛苦永远是没有虚假的。

痛苦也和激情一样，如果从痛苦中解脱出来，必先使痛苦充分地发泄，毫无保留。但是有这种胆量的人是不多见的。他们用餐桌上的残渣碎屑来喂养痛苦这只好斗的狗，不让它吃饱。其实人是能够战胜痛苦的，但是只有那些敢于拥抱痛苦的怒潮的人才能做到这点，他们敢对痛苦说："我抱住你，我要叫你给我生育孩子。"

——罗曼·罗兰

※ 智慧隽语 ※

如果平平静静地躺在床上生病或死亡，不用操心自己的亲人以后会怎样，这种疾病和死亡也算奢侈品，不过生活在奢侈中的人们不觉得这是奢侈品。

痛苦的成因

人人都有幸福和痛苦，只不过是程度不同而已。谁遭受的痛苦最少，谁就是最幸福的人；谁感受的快乐最少，谁就是最可怜的人。痛苦总是多于快乐，这是我们大家共有的差别。在这个世界上，对于人的幸福只能消极地看待。其衡量的标准是：痛苦少的人就应当算是幸福的人了。

一切痛苦的感觉都是同摆脱痛苦的愿望分不开的，一切快乐的观念都是同享受快乐的愿望分不开的。因此，一切愿望都意味着缺乏快乐，而一感到缺乏快乐，就会感到痛苦，所以我们的痛苦正是产生于我们的愿望和能力的不相称。一个有感觉的人在他的能力扩大了他的愿望的时候。就将成为一个绝对痛苦的人了。

——卢　梭

※ 智慧隽语 ※

一切痛苦的感觉都是同摆脱痛苦的愿望分不开的，一切快乐的观念都是同享受快乐的愿望分不开的。

心灵与肉体

这是显而易见的事：使我们的苦乐尖锐化的，是我们心灵的锋刃。禽兽的心灵是被钳制住的，把它们的浑噩和自由感觉完全交托给肉体，所以每个种类亦只有一个差不多相同的感觉，由它们举动的一致便可以看出。如果我们在我们肢体里不惊扰那隶属于它们的权限，我们可以相信我们也许更自在。因为自然赐给它们一个对于苦乐比较合理与温和的品性，而这品性既然是对于人人都普遍平等的，就不会不合理。但是我们既然摆脱了它的律法，沉溺于我们幻想的放纵的自由里，我们至少要把它们屈向那令人最畅适的方面。

柏拉图怕我们受苦乐的羁绊太牢，因为它把灵魂太严酷地束缚和维系于肉体，我却以为正因为它把灵魂解脱和放松。

——蒙　田

※ 智慧隽语 ※

如果我们在我们肢体里不惊扰那隶属于它们的权限，我们可以相信我们也许更自在。

脆弱的真相

如何评价一个人

关于人的估价，真是奇怪，除了人类自己，没有什么不是以本质为标准的。我们赞美一匹马因为它的力量和速度，而不是因为它的鞍具；一条猎狗因为它的敏捷，而不是因为它的颈圈；一只鹰隼因为它的翅膀，而不是因为它的足套和风铃。为什么我们不一样地根据一个人的本身的价值而看重他呢？他有一大群扈从、一座美丽的宫殿、这么大的势力、这么多的收入，一切都是环绕着在他身外的表象之物，而非聚集在他身体里面的本质之物。你并不买一只在口袋里的猫；如果你买一匹马，你把它的鞍具挪开，你要它赤裸裸没有遮掩，或者如果照从前王子买马的办法。它那被遮掩着的只是比较不那么重要的部分，以免耗费你的钦羡在它美丽的色泽和壮健的臀部上，而全神专注于它的腿、眼和脚这些最有用的部分。为什么我们不能如此评价一个人呢？

——蒙　田

※ 智慧隽语 ※

关于人的估价，真是奇怪，除了人类自己，没有什么不是以本质为标准的。

正直的人

无论在生活里，还是在自己的书本中我都憎恶不公道、虚伪、冷漠以及叛变和追名逐利。我愿相信，金色的真理能够并且正在战胜铅灰色的本能。我在人们中间寻找积极向上的善行、坚毅、友谊和团结。我决不怜悯和美化人，但我也不会以蔑视和惋惜去贬低人。我反对小说和电影里光辉灿烂的结局，反对艺术中的小装饰。因为在旁观者的无限感动中我看到了一种想安慰人，并且想给人戴上自我满足的玫瑰色花环的愿望。不，应当永远去敲击人的心灵和理智。严肃的书籍和严肃的电影应该使人们的意识感到不安，应该真言以告，人类还未达到完善的地步。应该否定其丑恶的东西，同时肯定其光明的本质，使人们思考人类认可的某种实质。

——邦达列夫

※ 智慧隽语 ※

人类还未达到完善的地步，应该否定其丑恶的东西，同时肯定其光明的本质，使人们思考人类认可的某种实质。

人的实质

在意识的最高层次上，个人是孤独的。这种孤独的处境有时似乎相当奇异、不寻常，甚至艰难。愚人会通过各种自我放纵的方式，企图从这个高点逃到较低的水平上；但贤人会借助于祈祷，继续留在高点上。

人们基于自私的理由做很多坏事，他们也以家庭为借口做更恶劣的事，但最卑劣的行为却是假爱国之名而行：监视、不当征收重税、牺牲性命与作战等行为，都让他们感到骄傲。

——托尔斯泰

一个人的实质，不在于他向你显露的那一面，而在于他所不能向你显露的那一面。因此，如果你想了解他，不要去听他说出的话，而要去听他没有说出的话。

——纪伯伦

※ 智慧隽语 ※

一个人的实质，不在于他向你显露的那一面，而在于他所不能向你显露的那一面。

假手于道德

康德说，如果你想指责一个行为不端的人，那么不要把他的行为和话语称为愚蠢，不要说也不要想，他的行为或他所说的话毫无意义。相反的，你时时都要设想，他愿意在行动或话语中表现出理性来，并且努力去寻找它。应当努力找出那骗人的假象，并指给他看，以便让他自己用理性去判断，他是错的。要知道能够说明人的只有他的理性。同样，要说服一个有不道德行为的人，只能用他自己的道德情感。不要先入为主地以为，最不道德的人不能做出合乎道德的事来。要知道，任何一个人都永远不会放弃成为一种道德的、自由的生命的可能性。

——托尔斯泰

※ 智慧隽语 ※

任何一个人都永远不会放弃成为一种道德的、自由的生命的可能性。

善于发现

一个人要善于读书，必须是一个发明家。像格言里说的“要想把西印度群岛的财富带回家来，必须先把西印度群岛的财富带出去。”因此，有创造性的写作，也要有创造性的阅读。

劳动与创作加强了心灵的活力，在这时，我们无论看什么书，由于字里行间丰富的暗示，书面都像是在亮晶晶地发光。每一句都加倍地有意义，作者的命题像世界一样的广阔。我们于是又发现一件事实：我们都知道一个预言者洞烛未来的一刹那是短暂的，在悠长的岁月里难得碰见这样的时候。因此他这灵感的记录或者只占他著作中的最少一部分。有鉴别力的人读柏拉图与莎士比亚的时候，只读那最少的一部分，只限于真正明晢之言，其余的他全部扬弃了，好像那不是千真万确的柏拉图或莎士比亚的著作一样。

——爱默生

※ 智慧隽语 ※

我们都知道一个预言者洞烛未来的一刹那是短暂的，在悠长的岁月里难得碰见这样的时候。

宽容的终结

人类对自身的力量感到兴高采烈，但却恰恰忘了，他们并不是以天才的智慧，而是以狡诈和机械的残酷，仅仅赢得了几次战役。他们忘了，在长期的战争中，他们的胜利是靠不住的，而明哲的大自然则是太有耐性了，它宽宏大量、慷慨地宽恕了许多事情。但在预定的期间里，什么都会有个结束，耐心会消失，宽宏大量也会终结。宽容看起来会是愚蠢的，大自然就会威吓地举起无情惩罚的暴力之剑。到那时，经过可怕的报复的痛苦，冒进的“超需社会”就会最后一次地来到，但毕竟它也不能在大自然——世界之母面前赎罪。怀着对乖戾的人类贪心的仇恨，狂怒的复仇的暴风雨、飓风和龙卷风就会在地球上从这端刮向另一端，在它们后面留下使人类在地球上的呼吸消灭的死亡的沙漠。

——邦达列夫

※ 智慧隽语 ※

但在预定的期间里，什么都全会有个结束，耐心会消失，宽宏大量也会终结。

自卫的必要性

国家的生命和人的生命一样。人在进行正当的自卫时有杀人的权利，国家为了自己的生存有进行战争的权利。

在正当自卫的时候，我有杀人的权利，因为我的生命对于我来说，犹如攻击我的人的生命对他来说一样。同样，一个国家进行战争，因为它的自卫行为和任何其他国家的自卫行为是完全一样的。

在公民与公民之间，正当自卫的权利是不需要攻击别人的。他们不必攻击，只要向法院申诉就可以了。只有在紧急情况下，如果等待法律的救助，就难免丧失生命，他们才可以行使这种带有攻击性的自卫权利。然而，在国家与国家之间，正当自卫的权利有时候是必须进行攻击的。例如当一个民族看到继续保持和平将使另一个民族有可能来消灭自己时，这时进行攻击就是防止自己灭亡的唯一方法。

——孟德斯鸠

※ 智慧隽语 ※

国家的生命和人的生命一样。人在进行正当的自卫时有杀人的权利，国家为了自己的生存有进行战争的权利。

开始与过程

善于在一件事的开始就能识别时机，是一种极难得智慧。例如在一些危险关头，看起来吓人的危险比真正能压倒人的危险要多许多。只要挺过最难熬的时机，再来的危险就不那么可怕了。因此，当危险逼近时，善于抓住时机迎头邀击它，要比犹豫躲闪更有利。因为犹豫的结果恰恰是错过了克服它的机会。但也要注意警惕那种幻觉，不要以为敌人真像它在月光下的阴影那样高大，因而在时机不到时过早出击，结果反而失掉了获胜的机会。

——培　根

前进时常伴随着不愉快的感觉。如果你想攀登比一般人高的地方，对痛苦就要有所觉悟。

遇到痛苦时，先存感谢，然后问那是否有用，不要只是一味地逃避痛苦。如果认真去思索其意义，必然会有所发现。

痛苦不是使人强壮，就是使人毁灭。究竟是强壮或毁灭，就得按照每个人的素质而定。

——希尔提

※ 智慧隽语 ※

善于在一件事的开始就能识别时机，是一种极难得智慧。

社会发展的悲哀

把音乐变为噪音是一个必经的过程，人类由此而进入了完全丑陋的历史阶段。完全丑陋的到来首先表现在无所不在的听觉丑陋：汽车、摩托、电吉他、电钻、高音喇叭、汽笛……而无所不在的视觉丑陋将接踵而至。

一个社会富裕了，人们就不必双手劳作，可以投身精神活动，我们有越来越多的大学和越来越多的学生。学生们要拿学位，就得写写学位论文。既然论文能写天下万物，论文题目便是无限。那些写满字的稿纸车载斗量，堆在比墓地更可悲的档案库里。即使在万灵节，也没有人去光顾它们。文化正在死去，死于过剩的生产中、文字的浩瀚堆积中、数量的疯狂增长中……

——米兰·昆德拉

※ 智慧隽语 ※

文化正在死去，死于过剩的生产中、文字的浩瀚堆积中、数量的疯狂增长中……

真理的声音

永恒爱的是时间的产品。钟能计量愚行的时辰，却不能计量智慧的时辰。一切有益健康的食物是不能用罗网或陷阱捕获的。度量衡要在荒年制定。没有一只鸟会飞得太高，如果它不借助风力只用自己的翅膀飞升。尸体不会为伤害复仇。如果傻瓜坚持他的愚蠢，他就会变聪明。法律之石筑成监狱，宗教之砖砌成妓院。孔雀的骄傲是上帝的荣耀。山羊的淫欲是上帝的智慧。女性的裸体是上帝的创作。狐狸责备捕兽夹，而不责备自已。欢乐授胎，悲哀生育。让男人穿狮皮，女人穿羊毛。鸟需巢，蜘蛛需网，人需情谊。水池蓄，喷泉溢。一个思想能充满无限空间。时刻准备说出你心中的话，卑鄙的人就将躲避你。每个可信之事，都是真理之象。上过你的当的人最了解你。愤怒的虎比善教诲的马聪明。死水有毒。人永远不会懂得什么叫“足够”，除非他懂得了什么叫“过度”。

——布莱克

※ 智慧隽语 ※

人永远不会懂得什么叫“足够”，除非他懂得了什么叫

“过度”。

情感的休憩

在我幽思冥想之时，我不寻求猛烈的情感，这类情感在我的生活中已经屡见不鲜了。我寻求享乐与休息，由于我心中不可战胜的青春的活力。我常常在我的绿色王国里轻而易举地找到它们，正如巨大的悲哀在充满倾轧的世界里时常向我袭来一样。

森林和草坪对于我是一片乐土，在这片乐土上我感到自己宛若一位怡然自得的游侠。

在纵情倾泻这些情感的时候，我临睡前头枕着枕头，仿佛躺在夏天的草地或情人的怀抱中。热爱书本与自然的人们，互相爱恋。爱心永驻的人们啊，请来我的天地与我同乐，欢乐思想的影像将浮现于你的眼前。

——莱·亨特

※ 智慧隽语 ※

我寻求享乐与休息，由于我心中不可战胜的青春的活力，我常常在我的绿色王国里轻而易举地找到它们。

真实的情感

我有一颗富于情感的心，这是一颗自足之心。我太爱人类了，没有必要在其中进行选择。我爱全体人类，正是因为我爱他们，所以我憎恨不公平。正因为我爱他们，所以我要逃离他们。在我看不到他们时，他们的不幸给我带来的痛苦就要少些。对整个人类的关心就足以充实我的心灵了，我不需要有特殊的朋友，但是当我有了特殊的朋友，我非常希望不要失去他们，因为当他们离我而去时，就伤了我的心了。这主要应怪罪他们，因为我要求于他们的只是友谊，只要他们爱我而我也知道他们爱我，我就甚至不需要再见到他们。但是他们往往以人们能看得到的关心和照顾来代替友谊之情，而这些关心和照顾对我却并无用处。我爱他们时，他们只想装出爱我的样子。但我讨厌一切装模作样的东西，所以我对这很不满意。

——卢　梭

※ 智慧隽语 ※

我爱他们时，他们只想装出爱我的样子。但我讨厌一切装模作样的东西，所以我对这很不满意。

欲望之风

在生活中，我们大多数人到底还是完全受欲望支配的。使欲望感兴趣的东西不总是看得见的东西。请别把这个与自私混为一谈。它比自私要善良一点。欲望是一种强弱不定的风，有时和风煦煦，有时呼啸作声。一会儿鼓起我们的风帆，驶向远方的某个港口；一会儿在阳光照耀的大海上，懒懒地吹拍着风帆。一阵狂风可以一会儿把我们吹到这里，一会儿吹到那里，使我们即刻取得成就，但时常也会撕破我们的风帆，把我们吹到某一个被人遗忘的港口，只留下一副可以入画的支离破碎的残骸。

——德莱塞

※ 智慧隽语 ※

在生活中，我们大多数人到底还是完全受欲望支配的。使欲望感兴趣的东西不总是看得见的东西。

正义的标准

有些人相信正义的神秘标准——某些与实际生活完全隔绝、距离遥远的行为的理想。但是他从来没有看见过有人能照此实行，而不使他们自己在经济上不是道德上——他不愿意说道德上毁灭的。攀附这种愚昧的理想的绝不是杰出的、实际的人物。他们总是没有钱的，名不见经传的，无足轻重的梦想家。

进化是持续不断的，理想是一种不会熄灭的光明，这是可以引以自慰的。他不会长此在善与恶之间摇来摆去。等到自由意志和本能的纠葛调整妥当以后，等到清醒的觉悟使自由意志有力量完全取代本能的时候，人就不会再摇摆不定了。觉悟的磁针将永远稳固地指着遥远的真理标杆。

——德莱塞

※ 智慧隽语 ※

等到自由意志和本能的纠葛调整妥当以后，等到清醒的觉悟使自由意志有力量完全取代本能的时候，人就不会再摇摆不定了。

视善为友

爱人，才可能被爱。所有的爱都极为公正，精确得就像代数方程的等式。好人具有绝对的善德，这种德行又像火焰一般，使万物归于美德，使你无法加害于他。当年，英国皇家军队被派去与拿破仑作战，可当他接近时，他们却又失去了勇气，终于化敌为友。各种困境，如疾病、监禁、贫困，最终也都会被证实是有好处的。

甚至弱点与缺陷也会视善为友。正如人往往为其骄傲所害一样，人的缺陷也总会在某些地方帮助他。寓言中的雄鹿陶醉于自己漂亮的角，鄙夷自己的足蹄。但当猎人追来时，却是它的足蹄帮了它，而它的角却夹在树丛中，最终毁了它。每个人在他的有生之年都得感谢他的缺陷。人只有在追求真理之后，才能完全理解它。同样，只有当经历了挫折，看到别人在同一目标上胜过自己，取得了成功之后，人才能真正了解自己的弱点或才能。如果他脾气很坏，无法适应社会怎么办？这时，他只好自娱自乐，养成自助的习惯，就像受伤的牡蛎，吐出珍珠来修补破碎的外壳。

——爱默生

※ 智慧隽语 ※

好人具有绝对的善德，这种德行又像火焰一般，使万物归于美德。

理性的人与虔敬的人

我把人类分成两种主要类型，即理性的人和虔敬的人。

理性的人最惧怕的敌人是死亡，是对生活和行为之无常的想法。他极力避免想到死亡，如果无法逃脱此想法，就从行动之中来逃避，以对财货、认识、法则、世界的理性选择支持自己，来对抗死亡。他的不死之信仰是进步的信仰，相信进步是永恒之锁链的一环，可以远离完全的毁灭。

虔敬的人的信仰和生活感情的基础是敬畏。其中有两个主要的特征，即对自然强烈的感受性和超理性的世界秩序之信仰。虔敬的人虽承认理性大致有优异的才能，但不认为理性足以认识、进而支配世界。

——黑　塞

※ 智慧隽语 ※

理性的人最惧怕的敌人是死亡，是对生活和行为之无常的想法。

虔敬的人的信仰和生活感情的基础是敬畏。

真实的苦恼

我们永远不会知道为什么和在哪件事上惹恼了别人，在哪件事上讨了他们的喜欢，在哪件事上使他们觉得我们可笑。我们的形象对我们自己来说也是神秘莫测的。

一块草坪只不过是一块痛苦之地而已，在这美丽悦目的翠绿色中，一个人每一秒都在走向死亡，蚂蚁在活吞蚯蚓，鹰在长空中潜伏着，窥视一只鼬或者一只老鼠……如果有人说一只动物不会像人那样疼痛，这是因为这种人不能够忍受生活在弱肉强食、仅仅是弱肉强食的大自然中的想法。

对于个人的痛苦，一般的补救办法之一就是爱。一个被完全爱着的人是不会有痛苦的。爱的本质事实上就是一种想要得到绝对的认同感的欲望。

如果我们要追求的是尽善尽美的生活的话，我们必须要直抵事物的核心，然而我们是不太可能做得到的。

——米兰·昆德拉

※ 智慧隽语 ※

对于个人的痛苦，一般的补救办法之一就是爱。一个被完全爱着的人是不会有痛苦的。

正义与仁慈

在物质和势利的世界，人们可以为了创造而破坏，可以调动邪恶，利用对立的双方，让手段为目的服务。在正义和爱情的世界则不然。那些自以为用非正义征服世界之后可以用正义统治世界、打算用暴力战胜仁慈的无政府主义者误解了正义和仁慈的词义以及这些品德的性质。所有的财富机遇同样可以由势力来分配，正义统治世界的时候为时不远了。酷爱暴力和诽谤、排斥异己的排犹主义者终将被迫改道，回到基督教的世界。这一天，世界将抛弃基督教信仰，因为基督教意味着得到意识认可的内心的上帝和心灵向往的真理。千万不要让与正义和仁慈密切相关的明确的义务屈从于卑微、遥远而又模糊的义务。

——普鲁斯特

※ 智慧隽语 ※

那些自以为用非正义征服世界之后可以用正义统治世界、打算用暴力战胜仁慈的无政府主义者误解了正义和仁慈的词义以及这些品德的性质。

来自地狱的声音

勇气弱者诡计强。苹果树不问山毛榉如何生长，狮子不问马如何猎食。如果别人不曾愚蠢，我们就会愚蠢。懂得甜蜜欢悦的心灵永远不会被玷污。当你看见一只鹰时，你就看见了神灵的一部分。抬起你的头来？毛虫把卵产在最美的叶子上，牧师把诅咒加在最美的欢乐上。创造一朵小花，需要万年之功。诅咒使人激励，祝福使人懈怠。酒是陈旧的好，水是新鲜的好。祷告不能犁地？颂扬不能收割？轻蔑之于卑鄙者，恰于空气之于鸟或大海之于鱼。茂盛即美。狮用狐为谋士，就会变得狡猾。怀着心愿而不实行，等于谋杀摇篮里的婴儿。

——布莱克

※ 智慧隽语 ※

如果别人不曾愚蠢，我们就会愚蠢。懂得甜蜜欢悦的心灵永远不会被玷污。

快乐与痛苦的分界

成长是一种快乐

感到自己的生命，觉得快乐，无非就是感到自己被不停地驱动着从当年的状态中走出来因而这状态必定也同样是一种经常回复的痛苦。对于一切注意他的生命和时间的人即有教养的人来说，无聊是一种压抑人的甚至是可怕的重负。使我们离开我们所在的那一瞬间并过渡到下一瞬间去的这种压力或驱动力是加速度的。它可以一直增长到决心使他的生命来一个结束，因为那穷奢极侈的人尝试过一切方式的享受，对他来说不再有什么新的享受了。正如巴黎人谈到英国勋爵摩丹特时说的："这些英国人吊死自己是为了消磨时间。"在心里所知觉到的感觉的空虚激发起这样一种恐怖，仿佛是预感到一种缓慢的死亡，它被认为是比由命运来迅速斩断生命之线还要痛苦。

——康　德

※ 智慧隽语 ※

对于一切注意他的生命和时间的人即有教养的人来说，无聊是一种压抑人的甚至是可怕的重负。

未臻完美的人性

已经不必去追求快乐了？如果能不经由自我尝试，就相信人生有多么快乐的话，人们就会一窝蜂地朝着这个想法去做，到了此时，整个社会大概也已修正过一次了。

处在人生的重大危机之际，首先要果断而为，这样才能涌现出力量，且发现断然实行毕竟是正确的。

人类精神方面的发展未臻完美。除了具备天才素质的人之外，并没有显著的进步。我们应该学习对自己忍耐，如果有人能非常自然、毫不费力地放弃为自己考虑的念头及为自己的方便和幸福所设的目标，而把自己当做伟大理念的仆人时，那人便已到达永不动摇的高峰。圣经称那样的人为——“上帝的仆人”。

——希尔提

※ 智慧隽语 ※

如果有人能非常自然、毫不费力地放弃为自己考虑的念头及为自己的方便和幸福所设的目标，而把自己当做伟大理念的仆人时，那人便已到达永不动摇的高峰。圣经称那样的人为——“上帝的仆人”。

冷静的性情

一个既不使自己快乐、也不使自己忧伤的人是冷静的，他与那种对生活的偶然事件冷淡、感情迟钝的人有根本的区别。与冷静不同的是性情乖张，这是一种使主体时而高兴、时而忧伤的倾向，主体自己也不能解释自己这种突发情绪的原因，它尤其是附着于怀疑病症患者上。这是完全有别于诙谐的才能的，后者是机智的头脑有意把对象的位置作一个颠倒，以狡黠的天真给听众或读者带来对于他们自身立于正确地位的快乐。敏感性与冷静并不相冲突，因为冷静是一种对于愉快和不愉快状态兼收并蓄，或不让它们妨碍心灵的能力和力量，所以它有一种选择。相反，多愁善感却是一种软弱，即因为对那些仿佛能任意玩弄感受者的感官的人产生同感，而让自己也情不自禁地被激动起来。

——康　德

※ 智慧隽语 ※

一个既不使自己快乐、也不使自己忧伤的人是冷静的，他与那种对生活的偶然事件冷淡、感情迟钝的人有根本的区别。

感官的幸福

对使命感在印象中越有感受性，一个人就越不幸；反之，一个人对官感越有感受性，而对使命感越是饱经磨炼的人，他就越幸福。所说更幸福，而不肯定说道德上更好，因为他更多地控制着他的健康的感情。可以把由于亢进而产生的感受能力叫做细致敏感性，把因主体软弱而来的感受能力叫做柔弱的感受性，这主体没有足够能力抵抗感性作用对意识的侵入，而不由自主地把注意力置于其上。

每一种享乐的方式同时又是一种修养，即对自己享受这种快乐的能力进一步加以扩大，例如用科学和美的艺术来享乐。但另外有一种方式却是磨损，它使我们今后继续享受的能力越来越差。但要问人们可以用什么方法不断地去寻求快乐，那么就像前面说过的，感官感受到的痛苦与愉快的程度是随着对比度、新鲜度、变换度、增强度的变化而增强的，这里有一条主要的准则，应当如此分配自己的享乐，使得它总是还可以更加提高。

——康　德

※ 智慧隽语 ※

一个人对官感越有感受性，而对使命感越是饱经磨炼的人，他就越幸福。

单纯的喜悦

生活中需要喜悦，就是在身体方面，为了保有健康和活力，也需要喜悦。因此，努力于保持一些正当的喜悦吧？但如果你能够聪明的话，应该去追求永恒、随时可得、绝非不正当的喜悦，或者去追求不会伴随着自责和悔恨的喜悦。然而，世上喜悦通常都夹带自责和后悔之念。

不可去强求喜悦，只要过着正当的生活，喜悦自然而然就会产生。

最单纯、不需要任何花费、基于需要而来的喜悦，才是最高尚的喜悦。

——希尔提

※ 智慧隽语 ※

如果你能够聪明的话，应该去追求永恒、随时可得、绝非不正当的喜悦，或者去追求不会伴随着自责和悔恨的喜悦。

自己的快乐与别人的痛苦

使自己的快乐由于和别人的痛苦相比较而得到增加，同时让自己的痛苦由于和别人类似的甚至更大的痛苦相比较而得到缓和，这恰好是人类的一种并不十分可爱的标志。但这作用只是心理上的，而与道德上的事无关，例如希望人家痛苦以便能更真切地感觉到自已的舒适状态。人们借于想象力而怜悯别人例如，当一个看见另一个人在失去平衡快要跌倒时，他就不由自主地陡然向那边弯过身子，仿佛要把他扶起来一样，他高兴的只是自已没有被牵进同一种命运之中去。所以人们带着强烈欲望跑去看一个罪犯的游街示众和处决，就像是去看戏一般。因为表现在那人面部和举动上的内心活动和感情在观众身上引起同感，并在观众的恐惧之余，通过其想象力其强度由于隆重的气氛而加强而留下一种既温和又严肃的松弛感，这种松弛使随之而来的生命享受变得更显著了。

——康　德

※ 智慧隽语 ※

人们借于想象力而怜悯别人，他高兴的只是自己没有被牵进同一种命运之中去。

获得喜悦的途径

喜悦，常带给身体清新的朝气，是能够刺激自我活动的特效药。但人们却说："喜悦确实是好东西，可惜我们得不到。"

我想告诉人们，其实用非常简要的方法，就可获得某种程度的喜悦。首先便是往好处想，感谢自已所拥有的一切，因为感谢和喜悦的心情，极为相近。

其次，必须给予他人喜悦，不管对谁，甚至连病人，都可以为他带来喜悦。人生到处都充满了对人亲切的机会。

这种情况很少，但如果你找不到人类做对象时，不妨从可爱的动物或植物开始。只要心存无尽的爱之泉源，就可以贯注在这些动物身上，同时也可以倾注在自己身上。

虽说可以从动植物开始，但任何人，尤其是病人，有许多都是符合字面上意义的“邻人”。所以，即使自己必须忍耐着痛苦的折磨，也应该常带给邻人以喜悦。

——希尔提

※ 智慧隽语 ※

即使自己必须忍耐着痛苦的折磨，也应该常带给邻人以喜悦。

享受生存之乐

如果说女人生来是为了取悦和从属于男人的话，她就应该使自己在男人看来觉得可爱，而不能使他们感到不快。他对她之所以那样迷恋，正是由于她有动人的魅力；她应当利用她的魅力迫使他发现和运用她的力量。刺激这种力量的最可靠的办法是对他采取抵抗，使他不能使用他的力量。当自尊心和欲望一结合起来的时候，就可使双方互相在对方的胜利中取得自己的成功。所以，一方是进行进攻，另一方是采取防御；男性显得勇敢，女性显得胆怯，直到最后她拿出大自然赋予弱者制服强者的武器——娇媚害羞的样子。

——卢　梭

※ 智慧隽语 ※

他对她之所以那样迷恋，正是由于她有动人的魅力；她应当利用她的魅力迫使他发现和运用她的力量。

真正的喜悦

真正的喜悦是什么？只有饱受痛苦的人才了解，其他人所知道的，不过是与真正的喜悦毫无共同之处的单纯快乐。甚至可以说，这些人连真正的喜悦都忍受不了。

同样地，靠着人类的力量达到的极点——所谓“无忧无虑的幸福”，这种太平日子，通常不是有善良本性及非凡个性者伸展的地盘。

多数的人如果能在适当的时候体验到许多不幸，则随着个人的资质，或许便能成为更高尚的人。

“在时间的山谷里，时间的山丘往往会遮住永恒的山脉。”

——希尔提

※ 智慧隽语 ※

“在时间的山谷里，时间的山丘往往会遮住永恒的山脉。”

变革与进步

一个人如果以娱乐作为他生活的目标，他会渐渐地对于他所惯于从中取得娱乐的事物失去兴趣，由于他认为这些事物本身并没有什么价值，而价值在于它们在他里面所激起的感觉。

进步绝非由于变革，而是在于记忆的保持。当变革是绝对的时候，就不存在可被改良的事物，也不会有为可能的改良所确定的方向；当人们像野蛮人一样完全不保存经验时，人们将会永远处于幼稚状态。那些不能牢记过去的人是注定要重复过去的。

人们必须认识到，人类进步能够被改变的只是其速度，而不会出现任何发展顺序的颠倒或超越任何重要的阶段。

——孔　德

※ 智慧隽语 ※

那些不能牢记过去的人是注定要重复过去的。

快乐的反应

感官的快乐实际上是被含混认识到的理智上的快乐。音乐使我们倾倒，它的美只存在于调适的和谐之中，存在于发声器具的节拍或颤动的计算之中对这种计算，我们是无意识的，而灵魂在做着这个工作。节拍或颤动要按照准确的音程进行。视觉在和谐比例中找到的快乐也有同样的性质。我们不能明确解释这类事情，但其他感官感觉引起的快乐都和上述情况是一样的。

——来布尼兹

当你在心境忧郁或意气颓废的时候，你千万不可决定采取生命中的任何重要的步骤；千万不可下任何重要的决定，因为那种不良的心境，会使你的判断误入歧途。

——马尔腾

※ 智慧隽语 ※

当你在心境忧郁或意气颓废的时候，你千万不可决定采取生命中的任何重要的步骤；千万不可下任何重要的决定，因为那种不良的心境，会使你的判断误入歧途。

过程中的快乐

如果你不愿意失去你的幸福，就应该控制这种突如其来的爱情冲动，幸福就在你眼前，但你必须经一些考验才能得到它。

——歌　德

费力得到的东西比不费力就得到的东西较能令人喜爱。一目了然的真理不费力就可以懂，读懂之后也会让人感到暂时的愉快，但是很快就会被遗忘了。

——薄伽丘

她第一次发觉，既然是两个人，就永远不能从心底里，从灵魂深处达到相互了解。他们可以并肩同行，有时拥抱在一起，但并非真正的合而为一，所以我们每个人的精神生活会永远是感到孤独的。

——莫泊桑

※ 智慧隽语 ※

费力得到的东西比不费力就得到的东西较能令人喜爱。一目了然的真理不费力就可以读懂，读懂之后也会让人感到暂时的愉快，但是很快就会被遗忘了。

心灵的快乐

带给人好处的机会并没有那么多，但给人一点小小的喜悦，却随时可以做到，即使不过是个充满亲切之情的致意，也能使孤独、乏味的生活出现阳光。我们在每天的开始时，必须下定决心利用所有这样的机会。

在我们的行动遵循神的意志时，最明显的结果就是心灵的快乐。这和单纯的兴奋所产生的欢娱不同，因为伴随于此种欢娱之后的，是悲哀和忧愁。

心灵的快乐，是宁静、明朗、快活和充满生气的喜悦，它是在正常的状态下产生的，而非突如其来的感觉。如果你对它有很强烈的渴望，且有过一次体验，一旦失去它，那种打击将会极为严重。

——希尔提

※ 智慧隽语 ※

心灵的快乐，是宁静、明朗、快活和充满生气的喜悦，它是在正常的状态下产生的，而非突如其来的感觉。

爱微小

睁开双眼看看世上微小、不起眼的东西，如果能够爱上这些东西，就永远不会陷入苦恼的现代厌世主义中。相反的，只要在人类心中仍然存在着喜好崇高、名贵的东西，或只注重表面的倾向这是今日有教养和半教养阶级者毫无例外都有的倾向，撒旦就不会失去权力，而我们也没有幸福和安定的希望。

在这里我要附带声明的是，只要有心去观察这些微不足道的东西，就会觉得它们比外表引人注意的东西，还要更有意义更可爱。比如，蚁穴中的蚂蚁、蜂巢中勤奋的蜜蜂，或者巢中的鸟，都要比狮子、老鹰或鲸鱼更有趣，更值得关切。而阿尔卑斯山的小花，也比极其华丽的郁金香或摩登的观叶植物，更为美丽……人类的情形也是如此。

关怀世上的小东西吧？那会使我们的人生更丰富，更觉得满足。

——希尔提

※ 智慧隽语 ※

睁开双眼看看世上微小、不起眼的东西，如果能够爱上这些东西，就永远不会陷入苦恼的现代厌世主义中。

人生态度

人类生活中真正的刺激是未来的快乐。在教育技术中，这种未来的快乐是最重要工作对象之一。首先要培养这种快乐，唤起这种快乐，使它成为可以实现的。其次，应当坚持不懈地使比较简单的快乐转变为比较复杂的和对人类有意义的快乐，使它成为可以实现的。其次，应当坚持不懈地使比较简单的快乐转变为比较复杂的和对人类有意义的快乐，这里可以看到一条很有意思的线索，从最简单的原始的满足一直到由最高的责任感之中得来的快乐。

通常我们看人最注重的就是一个人的力量和美，而确定一个人是否具有这种东西，完全要看他对前景所抱的态度。假如一个人的行为是由最近的前景来决定的，那他就是一个软弱的人。假如他只以个人的前景、纵然是远大的前景为满足，他这个人可能显得很强有力，但是不能使我们感到人格的美和人格的真正的价值。如果集体的成员把集体的前景看做个人的前影，集体越大，个人也就越美、越高尚。

——马卡连柯

※ 智慧隽语 ※

通常我们看人最注重的就是一个人的力量和美，而确定一个人是否具有这种东西，完全要看他对前景所抱的态度。

工作的必要性

快乐的劲头一消失，有时便会产生一种倦怠感。为何会如此？很难做简单的说明。工作分量太少；休假旅行时，在途中做了不必要的长期耽搁；礼拜天只是读书或休息，因而浪费了美好的时光等情况，便会使人产生这种感觉。也就是说，人生是不能回避工作的，只想凭借感受和考察事物来度过一生，是绝对行不通的。

信仰确实很重要，但必须是：常凭爱心行事的信仰。你不能住在修道院中，或一味地过着隐士的生活，你必须生活在这个世界上……但那并不是意味着把短暂的享乐当做人生价值来追求，而陷入现世的悲惨生活中。

无论何时都要有“乐观的态度”，否则人生将会过得非常痛苦。

——希尔提

※ 智慧隽语 ※

人生是不能回避工作的，只想凭借感受和考察事物来度过一生，是绝对行不通的。

快乐的生活

快乐的生活，必为其中有所活动的生活。若要这生活，也成为有用的生活，这活动应当是尽量地创造的，而不仅为劫夺的或保护的。但是创造的活动需要想象力和创造力，这乃是现状所反对的。现在有权的人，以破坏现状为忧，怕他们不公平的权利被人剥夺。以现有秩序为益，而兼有人类和其他群居动物所共有的习俗的本能的人，建立了一种从初入学到老死和下葬的时候，永远斥责创造力或饿死想象力的制度。

——罗　素

我们从两种事物中得到快乐，一种事物是当我们得到它们时，我们对它们自然地产生了欲望；另一种事物是由于理性的作用，我们对它们有了欲望。但是只有在快乐服从理性的情况下，我们才能谈得上欢乐。

——阿奎那

※ 智慧隽语 ※

我们从两种事物中得到快乐，一种事物是当我们得到它们时，我们对它们自然地产生了欲望；另一种事物是由于理性的作用，我们对它们有了欲望。

快乐与痛苦之间

快乐是一种由感官而来的愉快。凡使感官感到愉快的都叫做快适。痛苦是由感官而来的不愉快，凡产生痛苦的就是不快。它们的相互对立并不是像获得和缺乏一样。也就是说，二者并不仅仅是作为相反者，而是作为相冲突者而对置的。将它们表达为使人喜欢或不喜欢，以及介于二者之间的无所谓，这是太宽泛了。因为这种表达也可以指知性的东西，在那里它们就会与快乐和痛苦不相干了。

快乐是生命力被提高的感情，痛苦则是生命力受阻的感情。生命是这两方面的一个连续不断的相对抗的活动。

我们也可以由对自己状态的感觉在心灵上所产生的作用来解释这些感情。凡是真正驱使我离开我的状态的就是使我不快的，就使我痛苦；同样，凡是驱使我维持我的状态的，就是使我快适的，就给我以快乐。然而在时间之流以及由这联结起来的诸感觉的变幻中，我们在不停地延续下去。

——康　德

※ 智慧隽语 ※

快乐是生命力被提高的感情，痛苦则是生命力受阻的感情。

智者的快乐

如果你快乐，如果你每一时刻都是为了每件值得的事而活着，那么你就是智者。能把问题解决，固然有助于使你快乐，即使你明明知道无法解决一件你很在乎的事，你还是可以选择快乐，最起码你可以不去选择不快乐。有了这样的体会和认识，你就是智者。因为你拥有了对付精神崩溃的最佳武器。

智者不会精神崩溃，因为他们能主宰自己。他们知道怎样去选择快乐，摒弃沮丧，因为他们知道如何去“处理”他们生活中的各种问题。请注意，我并不是说“解决”问题。他们并不是以“解决”问题的能力来衡量自己的智慧，而是以是否拥有使自己保持快乐而且有价值的能力来衡量，无论问题解决了没有。

根据你在面临试探重重的环境中，选择如何感觉，您就可以想想自己是不是智者了。

——爱默生

※ 智慧隽语 ※

如果你快乐，如果你每一时刻都是为了每件值得的事而活着，那么你就是智者。

疏离的人际

英雄人物

一切活着的人都有通向“灵魂”深处的林荫大道，但大部分活人都被挡住了去路，却步了，或是在丛林中迷失了方向。

所有那些英雄人物的信仰将留传后世，因为那些信仰基于上帝的旨意和“他”对人类行动所起的作用。但是，精力充沛的人怎能相信神奇呢？

一个有“道德”的英雄人物，一个善良的英雄人物，不能不相信一个有能力去创业的人是像他一样有道德的人，甚至是比他更强的人。

不能使自己的整个天性与他的事业和他的创作完全融合起

来的人，绝不是一个伟大的人物？

——罗曼·罗兰

※ 智慧隽语 ※

一个有“道德”的英雄人物，一个善良的英雄人物，不能不相信一个有能力去创业的人是像他一样有道德的人，甚至是比他更强的人。

男人和女人

男人之间天生只有冷淡，而女人之间则天生有着敌意，这是由于同行相妒在男人身上只限于他们各自的行业，而在女人身上却包括了整个性别，因为她们全体只有一个行业。她们在街上相遇，就像教皇派和保皇派一样互相对峙。两个女人初次相识，比两个男人在同样情况下，彼此表现出显然更多的勉强和矫饰。因此，即使是两个女人之间的问候，也比在男人之间要可笑得多。再者，男人即使对比自己低得多的人讲话，照例还带有某种体恤和人情，那么看到一个贵妇对一个下人还不是为她服务的下人讲话，通常会表现出怎样的傲慢和鄙夷，实在令人难以忍受。这可能由于，一切等级差别对于女人要比对于我们更不可靠，变化和消失得更快的缘故。因为，对于我们，天平上有一百件东西，而对于她们，却只有一件起决定作用，就是那个悦己的男人。还由于她们使命的片面性，她们彼此间站得比男人更近，所以她们设法突出地位的差别。

——叔本华

※ 智慧隽语 ※

两个女人初次相识，比两个男人在同样情况下，彼此表现出显然更多的勉强和矫饰。

强者的特质

一个人生活在一个陌生的环境里决不能无所沾染。环境多少要留些痕迹在你身上，尽管深闭固拒，你早晚会发觉自己有些变化的。

一个聪明人尽可批判别人，暗地里嘲笑别人，轻视别人，但他的行事是跟他们一样的，仅仅略胜一筹罢了：这就是控制人的唯一办法。

不管你穿什么衣服，人总还是那样的人。人不能没有别人而单独过日子。最自傲的人也需要有他的一份关爱，而且形势越逼他闭口无言，他的不忠实的思想越要设法让他漏底。

强者发现事情无可挽救的时候，能忘记人家给他的伤害，也能忘记自己给人家的伤害。但一个人的强并非靠理智，而是靠热情。

——罗曼·罗兰

※ 智慧隽语 ※

强者发现事情无可挽救的时候，能忘记人家给他的伤害，也能忘记自己给人家的伤害。但一个人的强并非靠理智，而是靠热情。

纯粹的男人

女人可忍受不住空虚与失落感，可男人却可以为有这感觉开心。男人可以在纯粹的否定中寻到真正的自豪与满足。“我的感觉空空荡荡，除了我自个儿，对世上别的人别的事我半点儿也不关心。我确实关心自己，不管别人如何，反正我要生存下去。我要有所作为，至于怎么成功，我毫不在意。这是因为，即使我虚弱，我也比别人聪明，比别人狡诈。我必须设法保护自己并扎下根来，那样我才安全。我可以坐在我的玻璃塔中，对什么都无所感觉，也不受什么影响，但可以透过自我的玻璃墙释放我的力量和意志。”

这大概就是一个男人接受真正利己主义和空虚处境的条件。在这种处境中他仍感到些自豪，因为在真正感情的纯粹空虚之中，他仍能成功地实现他的抱负和利己意愿。

——普鲁斯特

※ 智慧隽语 ※

男人可以在纯粹的否定中寻到真正的自豪与满足。

男　人

有些利己主义是非常魅惑人的。妇女们对于那些自私的人，怀有特殊的爱好。一个男子为了你而爱你，你感谢他。但是，一个男子为了他自己而爱你，你会多么从心里珍爱他？他只想自己，他自己一点也不给你。他抓住你，他把你吮吸干净，于是他认为你很不错……而你，被他吮吸一空的牡蛎，会说：“他真好？”

一个男子，一个值得我们爱的男子，决不会像他自己的思想观点、他的科学、他的艺术、他的政治那样来爱我们。天真的利己主义，自以为清高，因为它是在思想中体现出来的？思想的利己主义比情感的利己主义更凶残。它碎了多少人的心……

——罗曼·罗兰

※ 智慧隽语 ※

一个男子为了他自己而爱你，你会多么从心里珍爱他？

女人的爱与孤独

一个女人并不总是明白她为什么热爱一个男人。但是由于她热爱了，所以她不能再松手。她在那上面耗费了太多的力量与欲望，所以不能再转移到一个新的对象身上去。如果要把她从那个人身上拉开来，就得在两个人身体连接的地方切一刀。

一个女人的孤独并非由于任性，而是由于迫不得已；她必须自己谋生，不依靠男人，因为她没有钱就没有男人要她，就不得不孤独，而一点得不到孤独的好处。因为，我们这儿，她要是像男子一样地独往独来，就得引起批评。一切对她都是禁止的。

——罗曼·罗兰

※ 智慧隽语 ※

一个女人并不总是明白她为什么热爱一个男人。

女人的特质

一个聪明的女子，比男人更能够在一刹那间凭着直觉体会到那些有关永恒的问题，但要她锲而不舍地抓住就不容易了。抱着这种思想的男人是她的养料，她吸收它，绝对不创造它。她的精神与感情不能自给自足，永远需要新的养料。没有信仰没有爱的时候，她就从事于破坏——除非她侥天之幸，能够有那最高的德性：恬静。

人们以为对于一个妇女说来，最大的乐趣莫过于穿漂亮的连衣裙……对于一个真正有才能的女子，裁制这样的连衣裙却是一种更大的乐趣。而这种乐趣，人们只要尝过一次，就不肯再错过。

——罗曼·罗兰

※ 智慧隽语 ※

一个聪明的女子，比男人更能够在一刹那间凭着直觉体会到那些有关永恒的问题。

完美的交往

生存是会改变的。因此，生命精华中的人际关系，是所有的事情中最善变的。因为，它时时刻刻都有高低起伏。所以，恋爱中的人接触到这种关系时，都会觉得对方是在任何时间都不一样的人。他们之间绝对不会发生平凡或已经发生过的事情，所有的事都是全新且出人意料，前所未闻的。

这种关系一定存在于非常大，且几乎很难忍受的幸福中。但是，这种关系可能只发生在非常富裕的人，而且是各自独立、完整、集中的人之间。也只有两个宽广、深刻、独立的世界，才能结合这种关系。

年轻人当然是非常明显地无法获得这种关系。但是，只要正确地把握自己的人生，慢慢地朝着这个幸福的目标成长，也可以做好准备。

——里尔克

※ 智慧隽语 ※

这种关系可能只发生在非常富裕的人，而且是各自独立、完整、集中的人之间。也只有两个宽广、深刻、独立的世界，才能结合这种关系。

简单的事实

一个人从来不会原谅一个同行在他身上看到他自己所不愿意看见的东西，因为不管他怎么办，他知道有他所不愿意看的东西在那里。

最好、最慷慨的人心，并不是最不可怕的。这种人并不恨任何人。他们把不顺眼的人干脆取消掉。这种不动声色地消灭别人，其实还不如仇恨。

在平常生活中，人与人之间的关系很少以互相尊重为基础，更多地以共同的本能和习惯为基础。

我们之中最渺小的人也包藏着无穷的世界。无穷是每个人都有的，只要他甘于老老实实地做一个人，不论是情人，是朋友，是以生儿育女的痛苦换取光荣的妇女，是默默无闻地牺牲自己的人，无穷是生命的洪流，从这个人流到那个人，从那个人流到这个人。

——罗曼·罗兰

※ 智慧隽语 ※

在平常生活中，人与人之间的关系很少以互相尊重为基础，更多地以共同的本能和习惯为基础。

追求伟大的男人

一个人追求精神上的伟大，必须多感觉，多控制，说话要简洁，要思想含蓄，绝对不铺张。只用一瞥一视，一言半语来表现，不像儿童那样夸大，也不像女人那样流露感情。应当为听了半个字就能领悟的人说话，为男人说话。

男人是把自己一大半交给智慧的，只要有过强烈的感情，决不会在脑海中不留一点痕迹，不留一个概念。他可能不再爱，却不能忘了他曾经爱过。

一个伟大的人比别人更近于儿童，更需要将自己托付给一个女子，把额角安放在她温柔的手掌中，枕在她膝上……

——罗曼·罗兰

※ 智慧隽语 ※

一个伟大的人比别人更近于儿童，更需要将自己托付给一个女子。

被妨碍的亲情

就算只是一些微不足道的事，也会离间笑脸相对的人们？

人们都认为过于强烈的询问态度、不伶俐的动作、无伤大雅的眨眼睛或抽动鼻子的习惯、吃东西的方式、走路的样子、笑的样子，以及不经任何分析的肉体上的不快等，这一切都不算什么。但是，这些却都是很重要的，因为仅仅只是这些事，往往便会令母子、兄弟、极好的朋友反目成仇。

没有比亲子间绝对的和睦还要难的事情，即使彼此都有着无比柔和的爱也一样。因为孩子们对父母怀抱着敬意，所以因而削减了他们内心互相坦诚面对的勇气；而父母方面，经常因为年龄与经验，而产生了自以为是的错误想法，有时对孩子们的感情就如同是对待大人一样，而且几乎常常不十分认真地去感觉那比他们更加真挚的孩子们的感情。因此，一些不必要的争端就产生了。

——罗曼·罗兰

※ 智慧隽语 ※

就算只是一些微不足道的事，也会离间笑脸相对的人们？

生命中的真实

话说回来，在某种程度上，我们每个人都有那么一点点不易察觉的疯狂。每个人的内心深处都是最孤寂的，每个人都渴望理解，但是我们却从来不能完全理解别人。即便是自己的爱人，也有那么一部分是陌生的。弱者最残忍，强者才懂得温柔待人。不懂得害怕的人不能算勇敢，因为勇敢指的是面对一切风云变幻坚强不屈的能力。注意别人，才能更好地了解别人。不管旁边人是老是少，是引人注目还是普普通通，都应该像母亲关注子女一样去关注他们，因为许多人身体虽然长大，心去永远像儿童一样尽力而思，尽力而为，才能感觉到最大的幸福。生活的目的在于有所成就。活着就要有一定价值，要代表什么意义，要让人看出活着和死去就是不一样。

——欧·罗斯顿

※ 智慧隽语 ※

不懂得害怕的人不能算勇敢，因为勇敢指的是面对一切风云变幻坚强不屈的能力。

处世箴言

要注意——在亲密的同伴之间应注意保持矜持以免被狎

犯。在地位较低的下属面前却不妨显得亲密会备受敬重。事事都伸头的人是自轻自贱并惹人厌嫌的。好心助人时要让人感到这种帮助是出自对他的爱护与尊重，并非你天生多情乐施。表示一种赞同的时候，不要忘记略示还有所保留——以表明这种赞同并非阿谀而经过思考。即使对很能干的人，也不可过于恭维，否则难免被你的嫉妒者看做拍马屁。在面临大事之际，就不要过于计较形式。否则将如所罗门所说的："看风者无法播种，看云者不得收获。"只有愚蠢者才等待机会，而智者则造就机会。总而言之，礼貌举止正好比人的穿衣——既不可太宽也不可太紧。要讲究而有余地，宽裕而不失大体，如此行动才能自如。

——培　根

※ 智慧隽语 ※

好心助人时要让人感到这种帮助是出自对他的爱护与尊重，并非你天生多情乐施。

自己和别人

侧耳倾听别人所说的话，但自己必须少说话。没有人问你问题的时候，你不必说什么，但被问到的时候则立即简单回答，而不知道的事就说不知道，不必感到羞耻。

"了解你自己"——这是个根本的法则。但你果真认为能因凝视自己而了解自己吗？不可能的，你只能由凝视你之外的东西而了解自己。把你的能力和别人的能力比较看看？把你的利益和别人的利益比较看看，尽量把自己的利益放在次要地位吧？要相信自己里面没有什么特别的东西，一切以尊重他人为先。

——罗斯金

※ 智慧隽语 ※

你只能由凝视你之外的东西而了解自己。

真正的平等

世界上的每一个人都具有享受自然所赐恩典的共同权利，以及得以尊重别人的共同权利。

有人说人人平等是不可能的事，因为总有一些人比另外一些人力气更强智慧更高。但如李希登堡所说，正因为某些人比其他的人更有力气更有智慧，每个人权利的平等才显得特别重要。如果除了智能和体力的不平等之外还存在着权利的不平等，那么强者对弱者的迫害也就会更大。

世界上没有任何成人像儿童那样在生活中实现真正的平等。大人反而不断在破坏在糟踏儿童心中这种神圣的感情。他们教给孩子们世界上有非尊敬不可的帝王、富翁、达官贵人，另外却有可以不受尊重的奴仆、劳工、乞丐。这些人真是罪恶深重啊？

——托尔斯泰

※ 智慧隽语 ※

世界上的每一个人都具有享受自然所赐恩典的共同权利，以及得以尊重别人的共同权利。

滥用才能的痛苦

我们之以落得这样可怜和邪恶，正是由于滥用了我们的才能。我们的悲伤、忧虑和痛苦，都是由我们自己引起的。精神上的痛苦无可争辩地是我们自己造成的，而身体上的痛苦，要不是因为我们的邪恶使我们感到这种痛苦的话，是算不了一回事的。大自然之所以使我们感觉到我们的需要，难道不是为了保持我们的生存吗？身体上的痛苦岂不是机器出了毛病的信号，叫我们更加小心吗？坏人不是在毒害他们自己的生命和我们的生命吗？谁愿意始终是这样生活呢？死亡就是解除我们所做的罪恶的良药；大自然不希望我们始终是这样遭受痛苦的。在蒙昧和朴实无知的状态中生活的人，所遇到的痛苦是多么少啊？

——卢　梭

※ 智慧隽语 ※

我们的悲伤、忧虑和痛苦，都是由我们自己引起的。

生命的韵律

你将来会再生的。现在暂且休息吧？所有的心只是一颗心。日与夜交融为一，堆着微笑。和谐是爱与恨结合起来的庄严的配偶。我将讴歌那个掌管爱与恨的神明。颂赞生命？颂赞死亡？

生命的价值根据人的价值而定，这样说也许是不公正的。有时，对于价值不大的人，生命的价值是无穷的。

这样一个生命是千载难逢的，使宇宙间的元素和动力互相融合的神秘机缘不会再轻易孕育这样一个高贵的生命。

我的心太爱生命了，它不会退避到生命的阴影里，即使是上帝阴影。

生命的韵律有它一定的摆动，当生命浪费地扩张的时候，摆幅必然会随着变得更大。撤退之后必有进攻——除非不断打击的暴力过度绞紧了弓弦，使心弦也因之而扭曲。

——罗曼·罗兰

※ 智慧隽语 ※

生命的韵律有它一定的摆动，当生命浪费地扩张的时候，摆幅必然会随着变得更大。

不再孤独的个人

一个人觉得他需一个伴侣的时候，他就不再是一个孤独的人，他的心就不再是一颗孤独的心了。他同别人的种种关系，他心中一切爱，都将随着他同这个伴侣的关系同时发生。他这第一个欲念很快就会使其他的欲念骚动起来。

这个本能的发展倾向是难以确定的。这种性别的人为另一种性别的人所吸引，这是天性的冲动。选择、偏好和个人的爱，完全是由人的知识、偏见和习惯产生的；要使我们懂得爱，那是需要经过很长时间和具备很多知识的。只有在经过判断之后，我们才有所爱；只有在经过比较之后，我们才有所选择。这些判断的形成虽然是无意识的，但不能因此就说它们是不真实的。

——卢　梭

※ 智慧隽语 ※

一个人觉得他需一个伴侣的时候，他就不再是一个孤独的人，他的心就不再是一颗孤独的心了。

中性的社会

所有这一切都告诉我们，社会环境是中性的。人是一切，而每一事物都有两重性：善与恶。每一优势都有其弊端。人必须学会满足，但补偿的哲理并非中庸之道。漫不经心的人听到这些话也许会问：是什么使之运行得如此奇妙？这涉及到善与恶：有付出才有收获，有失必有得。一切行为都是中性的。

就智慧而言，灵魂中存在着比补偿更为深刻的事实——它自身的属性。灵魂不是补偿，而是生命，灵魂就是生命。在这生活的大海里，潮涨潮落，绝对均衡。因为在这海底横亘着原始的生命深渊。存在，或上帝，不只是一种关系或一部分，而是宇宙的全部。存在就是一种绝对的肯定，完全排除了否定。它具有自我平衡的能力，囊括了一切关系，所有部分，所有的时间。自然、真理、美德都同出此源。罪恶所以出现，也就因为缺少了它，背离了它。虚无和谬误确实可以充作黑夜与阴影，作为生存空间延伸的背景。但它没有事实依据，无法远行，也不会产生别的事实。

——爱默生

※ 智慧隽语 ※

虚无和谬误确实可以充作黑夜与阴影，作为生存空间延伸的背景。但它没有事实依据，无法远行，也不会产生别的事实。

精神与物质

精神的实质

人的基础建立在精神而非物质之上，精神的实质就是永恒。因此，对它来说，最长久的事件，最遥远的历史仿佛都近在眼前。在宇宙人的轮回中，几世纪只是几个小点，整个历史只是堕落的一个纪元。

我们的内心不住地怀疑和否认。我们一会儿承认，一会儿又否认我们和自然的关系。我们就像尼布甲尼撒二世，被掳夺了王位，失却了理智，像牛一样地吃着草。但是，有谁能限定精神的治愈力量呢？

人是废墟中的神。当人纯洁无邪时，生命就能得到延长，能像梦中苏醒那样不知不觉地进入不朽。如果现在这种混乱状态持续100年，世界就会变得疯狂。世界是靠死亡和新生来平衡的。新生是永恒的救世主，它来到堕落了的人的怀中，请求他们重返天国。

——爱默生

※ 智慧隽语 ※

人的基础建立在精神而非物质之上，精神的实质就是永恒。

不灭的精神

如果我要寻找理智的生命概念，那么我只能满足于明确的、明显的东西，而不想让神秘的、任意的占卜、猜测等东西来破坏这种明确性和明显性。我知道，我凭之生活的所有东西都是在我之前存在过的、在已经死去的很多人的生命中形成的。我知道所有遵从理智规律的人，所有使自己的动物性躯体服从理智并表现出爱的力量的人，都是在肉体消失后仍然活在别人的身上的。对我来说知道这一切也就够了，这样一来，那些荒谬的可怕的对死亡的迷信就再也不能折磨我了。

在那些死后仍保持力量、仍在继续发挥作用的人身上，我们可以观察到，为什么这些使自己的个性服从理智之后，将全部生命献给爱之后，从来不可能怀疑，而且的确从未怀疑过生命不可能毁灭的事实。

——托尔斯泰

※ 智慧隽语 ※

我知道，我凭之生活的所有东西都是在我之前存在过的、在已经死去的很多人的生命中形成的。

精神的永生

精神上充满着死气而肉体充满着生气，他只能很悲哀地听凭那再生的精力，和生活的盲目的狂欢把他摆布。痛苦、怜悯、绝望，无可补救的损失的创伤，一切关于死的苦闷，对于强者反而是猛烈的鞭挞，把求生的力量刺激得更活泼了。

正当他只注意自己的生命，觉得它像雨水般完全溶解而到处只见到虚无之后，一旦他想在宇宙中忘掉自己，就到处体会到无穷无极的生命了。他仿佛从坟墓中走了出来。生命的巨潮泛滥洋溢地流着，他不胜喜悦地在其中游泳，让巨流把他带走，以为自己完全自由了。殊不知他更不自由了。世界上没有一个生物是自由的，连控制宇宙的法则也不是自由的，——也许唯有死才能解放一切。

——罗曼·罗兰

※ 智慧隽语 ※

世界上没有一个生物是自由的，连控制宇宙的法则也不是自由的。

精神生活与自由

对于只过物质生活的人而言，是没有资格谈自由的，这种人的整个生活都受到许多并列的“原因”所束缚；但对于意识到自己是属于一种精神体的人而言，是没有必要谈隶属或束缚的。理性、爱或良心并不懂得什么叫束缚。

——托尔斯泰

请你记住，如果你的理性在生活中不只是用来服侍肉体，那么它就会带给你自由。为理性所照耀的、不再受情欲所束缚的人类的灵魂是非常坚固的城堡。对人类而言，没有比这样更可靠的、更远离恶的避难所了。不了解这件事的人是盲目的，了解它而不愿走进去的人是不幸的。

——奥里欧斯

※ 智慧隽语 ※

对于意识到自己是属于一种精神体的人而言，是没有必要谈隶属或束缚的；理性、爱或良心并不懂得什么叫束缚。

人生的精神意义

我们可以设想，精神在人体内发光，是让人用来应付周围环境的，经过千秋万代，它还只是发展到能应付实际生活的一些主要问题而已。可是在那漫长的岁月中它似乎终于超越他的直接需要。随着想象力的发展，人类把他的环境扩大到了肉眼看不见的事物。我们知道他当时是用什么回答来满足他给自己提出的问题的。在他体内燃烧的能量是那么强烈，他不可能怀疑它的巨大力量；他的自我主义是无所不包的，因而他无从设想自己消灭的可能性。这些回答至今使许多人感到满意。它们使人生富有意义，给人的虚荣心带来安慰。

——普鲁斯特

※ 智慧隽语 ※

我们可以设想，精神在人体内发光，是给人用以应付周围环境的，经过千秋万代，它还只是发展到能应付实际生活的一些主要问题而已。

精神的成长

精神方面的进步需要花时间，无法任意加快速度，也不能靠着暂时性的狂热或其他行为，随意地催促其前进的步伐……这个事实是精神的成长历史中最困难、最令人头痛的一点。

既然想让这株生命之树结果，首先便必须让它发，然后开花，然后才能等待其结果。不管在哪一个阶段，都需要相当长的时间，且只有在非常幸运的情况下，才不会因变故而妨碍生长，延后收成。

因此，等待精神方面的成长，便是信念的最大试炼。尤其是精力充沛、性急的人，更应如此。那也是避免他们过早行动、陷入错误的必要条件。

——希尔提

※ 智慧隽语 ※

等待精神方面的成长，便是信念的最大试炼。

现实的文明

没有同情心的现实主义是一种无火之焰。在朴素的大自然中，我看到了这个道理：生命的原则是爱护它的存在，并坚定不移。历史学家应该怀有最广泛的同情，心里充满了对他所赞同的人的热爱。

虚无隐藏在文明的外衣下面，隐藏在文明的奢华、艺术以及旋风和喧闹的外衣下面……人的说话声，人的光芒，在其中表现出来的必要性，以及对于这种必要性的明确意识，这一切是多么稀少？啊？人类是一座多么脆弱的建筑？它只是由于习惯而站立着。它将一下子土崩瓦解……

人们所害怕的，正可以迷惑人们的神经。归根到底，谁也没有否认，人们所害怕的恰恰是人们所向往的事。但是，敢于做自己所害怕的事，却不是人人都能办到的。

——罗曼·罗兰

※ 智慧隽语 ※

历史学家应该怀有最广泛的同情，心里充满了对他所赞同的人的热爱。

真相的脆弱

人世经历的秘密不能被公开。因为，里面有一颗一定令旅人绊倒的绊脚石。所以，诗人们常常在诗中暗示那个应注意的地方。

人生中有一个非常不可思议的地方，那就是相信别人会引导我们。没有了这个信任，我们只能一边摸索，一边踏着蹒跚的步伐，走自己的道路。有了它，我们无往不利。

朋友会为了我们而跟我们为友。这对我们而言是一种体验。但是敌人对我们做的事就不算体验了。那是一种经验，我们如果不接近它，它就像无法预测的灾害、寒气、暴风雨、雨、雹一样，围绕在我们周围。

——歌　德

※ 智慧隽语 ※

人生中有一个非常不可思议的地方，那就是相信别人会引导我们。

物质文明的繁荣

我们如今所处的世界，物质势力的冲击已近乎不可抗拒；精神方面的天性已被这一种震惊压服了。我们的物质文明不住地在进行奇伟而复杂的发展，我们的社会制度不住地翻新花样，又因铁路、快车、邮政、电话、电报、报纸——一句话，就是社会交际的全部机关——而聚集，而增繁，而传布种种奇诡深晦的印象。这种种生活的元素合并起来，就产生一种所谓百花筒式的光耀，一种足以疲劳和窒塞思想道德的迷人的生活幻灯。这样的生活就引起了一种知识的疲劳，它表现为各种程度的不眠症，忧郁症，以及精神错乱症的牺牲者。

——德莱塞

※ 智慧隽语 ※

我们如今所处的世界，物质势力的冲击已近乎不可抗拒，精神方面的天性已被这一种震惊压服了。

简单的事实

不知道从事生产的人，也没有存在的必要。

任何违情背理的事，都可能在辨别力中或偶然间重返正道。所有与理敌对的事情，也可能在无辨别力或偶然间导向邪道。

奢望太多的人、喜爱错综复杂的人，容易走上邪路。

因大于实际的自满，而无法评价自己真正的价值，是一项最大的错误。

当我需要他时能立刻给我确信面孔的人——就是我所爱、不会背叛我的人。

——歌　德

※ 智慧隽语 ※

当我需要他时能立刻给我确信面孔的人——就是我所爱、不会背叛我的人。

享受美好

因为我们没有理解的能力，所以，当我们第一次看到造型美丽的作品时，并不会由衷地喜欢它们。但是，一想到那些作品似乎有很大的价值，我也不禁试着更接近地去看它。如此一来，必然有令人高兴的发现，因为我不但认识了事物的新特性，而且还发现了自己的新能力。

喜欢享受好东西的话，一定会喜欢更好的东西。因此，在艺术方面，只有达到至善的境界，才会开始有满足感。经常与自己一致的人，也经常与别人一致。

单独地思考每一天，并不会出现太多结果，但是如果把五年凑在一起，一定会变成一束整体的形象。

——歌　德

※ 智慧隽语 ※

喜欢享受好东西的话，一定会喜欢更好的东西。

以物质划分的阶级

我们很少有人彻底了解生活中无意识地划分阶层的性质，生活自身所分派的层次、类型和阶级，以及这些对于人们从一个阶级向另一个阶级自由移动时所呈现出的障碍。我们那样自然地披上性情、命运和机会织成的物质外衣。牧师、大夫、律师、商人，似乎生来就具有他们那种神气，而职员、掏沟的、看门也是一样。他们有他们的规矩、他们的同业公会和阶级感情。虽然精神上，他们可能密切地联系着，而物质上，他们是分隔得很开的。

——德莱塞

※ 智慧隽语 ※

我们那样自然地披上性情、命运和机会织成的物质外衣。

自然状态

大自然总是向最好的方面去做的，所以它才首先这样地安排人。最初，它只赋予他维持生存所必需的欲望和满足这种欲望的足够的能力。它把其余的能力通通都储藏在人的心灵深处，在需要的时候才加以发挥。只有在这种原始的状态中。能力和欲望才获得平衡，人才不感到痛苦，一旦潜在的能力开始起作用，在一切能力中最为活跃的想象力就觉醒过来，领先发展。正是这种想象力给我们展现了可能达到的或好或坏的境界，使我们有满足欲望的希望，从而使我们的欲望繁衍。不过，起初看来似乎是伸手可及的那个目标，却迅速地向前逃遁，使我们无法追赶；当我们以为追上的时候，它又变了一个样子，远远地出现在我们的前面。我们再也看不到我们已经走过的地方，我们也不再去想它了。尚待跋涉的原野又在不断地扩大。因此，我们弄得精疲力竭也达不到尽头；我们越接近享受的时候，幸福越远远地离开我们。

——卢　梭

※ 智慧隽语 ※

我们越接近享受的时候，幸福越远远地离开我们。

生活的职责

对于一个没有成见的人，看到动物的痛苦比人类的痛苦更难忍受。因为人的受苦至少被认为不应该的，而使人受苦的也被认为是罪人。但每天都有成千累万的动物受到不必要的屠杀，人们心上没有一点儿疙瘩。谁要提到这一点，就会给人笑话。然而这的确是不可救免的罪恶，只要犯了这一桩罪，人类无论受什么痛苦都是活该的了。

一种对生活的健全的责任感是比孝顺更不可抗拒、也是更神圣的。

我的职责是要说出我认为公平的合乎人道的话。无论这会使别人喜欢或厌恶，那不是我的事情。

坦率要求在每一个思想里都坦率，不欺骗任何人，尤其在自己相信的事上不欺骗自己。可是坦率并不苛求我们去做办不到的事，它要求我们永远而且只是按照我们相信的事去行动。

——罗曼·罗兰

※ 智慧隽语 ※

我的职责是要说出我认为公平的合乎人道的话。无论这会使别人喜欢或厌恶，那不是我的事情。

生活的评论

生活的命运的理论：没有失去，便不会有收获；没有危险，便不会有凯旋。所以，依此类推假如轮盘赌板开诚布公地安排就绪，它就会是世界的最佳者，它上面的每一个魔鬼，也就是必要的魔鬼。即是说，既然要生活，就必须接受生活所必要的生存条件，乌托邦绝不是生活。当然人们可以期望他们的社会结构中的正义，因为正义是社会动物的法则，但他们不能指望从上帝那里得到正义，正义与他所赐予生活的礼物是不调合的。如但丁在《地狱篇》的第七篇所说，实际上上帝已经安排好了司命女神，这是一位首要创造物或亚神，由他操纵我们的命运。所以不存在什么“魔鬼的问题”。

关于我们所生存的世界的这种解释，似乎有点儿道理，然而当我们面对着济慈的死和自己孩子的死这样一些灾难时，这解释又显得过于严肃？

——伏尔泰

※ 智慧隽语 ※

因为正义是社会动物的法则，但他们不能指望从上帝那里得到正义。

亦真亦幻的生活

最优秀的人宁愿取一件东西而不要其他的一切，这就是：宁取永恒的光荣而不要幻灭的事物。可是多数人却在那里像牲畜一样狼吞虎咽。

具体行动的好处在于一旦投入行动，那个未被采纳的方案就被遗忘，更确切地说是它不存在，因为行动改变了全部关系。光是设想行动于事无补，因为一切仍旧停留在原来的状态上。

——阿　兰

当女人爱我们时，她们可以宽容我们的一切，包括我们的罪过；但当她们不爱我们时，我们的一切她们都瞧不起，包括我们的美德。

——巴尔扎克

※ 智慧隽语 ※

当女人爱我们时，她们可以宽容我们的一切，包括我们的罪过；但当她们不爱我们时，我们的一切她们都瞧不起，包括我们的美德。

聪明的谬误

人对物质的利益涉人太深，以致必须从改善物质福祉的观点看待性灵的表现，以及单纯的人际关系。甚至沦落到评价一个人是否值得尊敬往往是以财富衡量，而不是以他内在的精神价值来评估。

——爱默生

聪明的人往往先批评，而不能完全投入目前的工作，空有优秀的智慧和头脑却只顾批评，结果连简单的工作也做不好。反之，有些在别人看来像是毫无意义的工作，却有人像傻瓜一般，完全投入工作中，别人看到他的工作精神，自会由衷地钦佩。

工作能否做成还在其次，重要的是能否完全投入工作，而把批评留在以后。我以为经过这样一番努力之后，一定会有很好的结果。如果这样不能产生好结果，那要怎样才会产生好结果呢？

——松下幸之助

※ 智慧隽语 ※

人对物质的利益涉入太深，以致必须从改善物质福祉的观点看待性灵的表现，以及单纯的人际关系。

自我冲突

只要我的义务与我的感情相冲突，除非是在我什么都不必做的情况下，否则前者很少会占上风。那时，我常常是有能力的，但我却不能逆本性而行事。如果我的心没有向我呼唤，我的意志就会充耳不闻，不管是人，还是义务，或是什么必然性，都无法叫我唯命是从。我看见祸害的威胁，但我宁可任其降临，也不愿为防范它而激动不已。我偶尔在开头很努力，但这种努力很快就使我厌倦，使我精疲力竭，我就再也无法坚持下去。在一切假想的事情中，凡是我不带乐趣去做的，很快我就无法做了。

更有甚者，与我的愿望相符却带几分勉强的事，只要稍微过分一点，就足以使我的愿望丧失殆尽，使它变成令人厌恶，甚至强烈反感的东西。这就使别人强求我比别人并不强求而是我自己甘心情愿去做的好事使我感到的苦楚。纯属无报偿的好事是我乐于做的，但是，当人们把这种受惠视为应得而恣意索取，否则便以怨相报时，当某人因我当初乐意为他做好事而认定我从此永远做他的恩主时，我就开始感到不自在，乐趣也就悄然消失了。

——卢　梭

※ 智慧隽语 ※

只要我的义务与我的感情相冲突，除非是在我什么都不必做的情况下，否则前者很少会占上风。

给予的意义

然而，给予最重要的意义并不在于物质方面，而尤其在于人性方面。一个人能给予另一个人什么东西呢？他把自己的一切给予别人，把自己已有的最珍贵的东西给予别人，把自己的生命给予别人。这不一定意味着他为别人牺牲自己的生命，指的是他把自己身上存在的东西给予别人，把自己的快乐、兴趣、同情心、谅解、知识幽默、忧愁——把自己身上存在的所有东西的表情和表现给予别人。在他把自己的生命给予别人的时候，他也增加了别人的生命价值，丰富了别人的生活。通过提高自己的使命感，他会提高别人的使命感。他不是为了接纳才给予。

——弗洛姆

※ 智慧隽语 ※

在他把自己的生命给予别人的时候，他也增加了别人的生命价值，丰富了别人的生活。

走在凡俗之外

作家的天职

一个人创作的动机并不是理智，而是需要。并且，尽管把大多数的情操所有的谎言与浮夸的表现都认出来了，仍不足以使自己不蹈覆辙，那主要是得靠长时期艰苦的努力实现的。

对现实生活浮泛的甚至深刻的观察都远远不够，一个人必须有诗人的性灵才能看清和体验那应该存在的（并且实在比表面的“现实”真实得多的一切）一切。这就是我对音乐性小说的观念。它的魅力和危险都在于它基本上是诗歌。

正如南国轻柔的蓝天和神奇的光明，只有诗的氛围才能体现理想的生活——十全十美的生活。

一个人所写的算不了什么，惟有写作时的愉快或安慰才可贵。

——罗曼·罗兰

※ 智慧隽语 ※

对现实生活浮泛的甚至深刻的观察都远远不够；一个人必须有诗人的性灵才能看清和体验那应该存在的一切。

天才作家因何殒失

但是，具有独创性的作家为什么这样凤毛麟角呢？不是因为作家的收获季节已经过去，或是收获古迹的伟人们没有遗留下任何东西让后代来拾掇；也不是因为人类大脑的多产时代已经结束，或是因为它无力创造出史无前例的生命。正相反，恰恰是因为杰出的榜样们会取宠、喜偏见、善恐吓，他们分散我们的注意力，因而使我们无法对自己做出应有的审查。他们赞赏自身的能力而对我们的判断持有偏见，因而贬低我们的判断力；他们以其赫赫的名声对我们进行恐吓，因而借助于我们的不自信而将我们的力量埋葬。自然界中种种不可能性和由于缺乏自信而产生的种种不可能性就是如此深广地横亘在我们脚下……

——爱德华·扬格

※ 智慧隽语 ※

自然界中种种不可能性和由于缺乏自信而产生的种种不可

能性就是如此深广地横亘在我们脚下……

诗

诗是最快乐最善良的心灵中最快乐最善良的瞬间的记录。我们往往感到思想和感情不可捉摸地袭来，有时与地点或身边的人有关，有时只与我们自己的心情有关，并且往往来时不可预见，去时不用吩咐，可是总给我们以难以形容的惬意和愉快。因此，即使在它们所遗留下来的眷恋和惆怅中，也不可能不伴随着快感。因为这快感是参与它的对象的本质中的。诗灵之来，仿佛是一种更神圣的本质渗透于我们自己的本质中。但它的步伐却像拂过海面的微风，风平浪静了，它便无踪无影，只留下一些痕迹在它经过的满是皱纹的沙滩上。这些以及类似的情景，惟有感受性最细致、想像力最博大的人们才可以体味得到。而由此产生的心境却与一切卑鄙的欲望不能相容。道义、爱情、爱国、友谊等热忱，在本质上是与此等情绪连结起来的，而且当它们还继续存在时，人的自我就显出它的原来面目，是宇宙中的一个原子而已。

——雪　莱

※ 智慧隽语 ※

诗是最快乐最善良的心灵中最快乐最善良的瞬间之记录。

生活似女人

要看出一件作品美的极致，光靠知识和良好意愿是不够的，还要靠极为罕见的偶然机遇。比如云彩的纱巾从这美的极巅飘走，太阳在高空朗照……

我们必须站在合适的地方观察，我们的心灵也必须把纱巾从心灵的至高点揭去，心灵需要外在的表达，以便获得一个支撑点来掌握自己。然而，这一切鲜能同时实现。所以，我以为，一切美好事物，不管是作品、行为、人，还是自然，其极致至今仍不为大多数人所了解，甚至对最优秀的人物也隐而不彰。极致即使显露了，也只显露这一次而已。

希腊人曾祈求过：“让所有美的东西再展现吧!”噢，他们如此呈请神明是很有道理的，因为无神的现实世界根本不给我们提供美的东西，要么只提供一次！我说世界充满美的事物，然而它们得以展露的美妙时刻实在罕见。

——尼　采

我说世界充满美的事物，然而它们得以展露的美妙时刻实在罕见。

爱之于艺术

艺术作品是无限孤独的。因为，只靠批评无法达到艺术的境界。但是，只有爱能抓住它并留住它，也只有爱才能公平地对它。

你在任何时候对于议论、批评及介绍，都必须确立自己的标准，并且确定自己的感情。那么即使你的错误，你内心生活的自然生长，也会随着时间慢慢地将你导入其他的知识中。

请给你自己的判断一个安静没有阻碍的发展空间。因为，它必须与一切的进步一样发自内心深处。发展不会被排挤，更不能匆忙。

维持到满月，并由此而生，那就是一切。

在发展的过程中，没有时间也没有年月之分。十年并不等于什么。所谓的艺术家不用计算也不用数，他就像树木一样成熟。当树木沐浴在春风中悠然耸立时，根本不用去担心接下来的夏天会不会如期到达。

——里尔克

※ 智慧隽语 ※

艺术作品是无限孤独的。因为，只靠批评无法达到艺术的境界。

天才的寂寞

天才是被过分抬举的生命，很容易陷入死亡和疯狂。因为天才是惧怕自我生存的不幸例子，虽是伟大而大胆的尝试，但不是自然的圆满之作。大家一致公认的人类，也未曾被赋予繁殖的方法。天才是人世的灯塔、憧憬，却又必须窒息在世俗的沉闷空气中。天才生而具有这样的命运。

精神上独立的人们，其异常的命运，常惹起后世的关心。这些人的命运，不单是精神史上的天才，而且应该视为生物学上的问题。近代的德国精神史上，有高贵英挺之姿的是赫鲁达林、尼采和诺瓦利斯。赫鲁达林、尼采难耐俗世的生活时，就进入疯狂的世界，而诺瓦利斯则回返死的世界。

——黑　塞

※ 智慧隽语 ※

天才是被过分抬举的生命，很容易陷入死亡和疯狂。因为天才是惧怕自我生存的不幸例子，虽是伟大而大胆的尝试，但不是自然的圆满之作。

自己的地图

我们的思想、我们的命运，被人类自己制作出来的地图所误导！这样的地图在我们还是孩子的时候，被发到我们手上，之后五年，我们在家庭与学校的座位上学习、研读、构思它。这些和史坦烈在探险非洲之前的非洲地图一样，既没有内容又毫无意义。

我一点都不曾否定我自己，否定我曾深思过几次的一个影子是怪物的想法，也不曾否定在自己不注意的时候，曾与其他的怪物戏耍！

但是，人类不犯错便学不到什么东西。我活了一辈子，不会因自己的想法错误而感觉恐惧。

——罗曼·罗兰

※ 智慧隽语 ※

我们的思想、我们的命运，被人类自己制作出来的地图所误导！

天才的作品

永生不死的作品就是完美的作品吗？

《唐·吉诃德》并不是一部完美的作品；莎士比亚的戏剧当中，也没有哪一部可以称得上是完美的作品；莫里哀的诸多喜剧作品，其书写方式也经常是不完整的；伊利特也迷迷糊糊地沉睡着……

天才能力的爪痕，是有必要处处留下痕迹的……的确如此。但是天才的能力也有极度完美的时候——例外的时候，这是无须明说的。然而，天才总是前进得太快，并给道路制造了裂缝。所以，让道路发挥作用，是跟在天才后面行走的人们的工作!

问题完全不在此。不是美不美的问题，也不只是天才的问题，而是持续的问题。持续……这就是生命。

在自己的心里有着生命中最大的成绩——为了活着的人的最大成绩，这样的人或这样的作品，应该可以活得最长久吧?

拥有持续力量的所有杰出作品，是人类每日的粮食。

——罗曼·罗兰

※ 智慧隽语 ※

天才能力的爪痕，是有必要处处留下痕迹的……

天才的悲哀

天才不管想要在什么场所出现，不是被环境绞杀，就是克服环境。天才一方面被众人认为是人类之花，同时又在他所到的地方，引起苦难和混乱。天才常孤立而生，拥有孤独的命运。天才不会遗传，却总是有自我放弃的倾向。

天才和老师们之间，从很早以前开始，就有很深的鸿沟。天才在学校里的表现，是教授们憎恶的目标。对教授而言，所谓天才是不尊敬教授、14 岁抽烟、15 岁谈恋爱、16 岁出入酒吧、读禁书、写不逊的文章、不时嘲弄老师的坏学生。老师们与其希望在班上有个天才，不如多一些蠢物。我们仔细想想，确实如此，教师的任务不是培养突破形式的人，而是培养出拉丁语通、计算家、愚笨而可靠的人。

——黑　塞

※ 智慧隽语 ※

天才常孤立而生，拥有孤独的命运。天才不会遗传，却总是有自我放弃的倾向。

欲念的误区

我们的欲念是我们保持生存的主要工具，因此，要想消灭它们的话，实在是一件既徒劳又可笑的行为，这等于是要控制自然，要更改上帝的作品。如果上帝要人们从根铲除他赋予人的欲念，则他是既希望人生存，同时又不希望人生存了。他这样做，就要自相矛盾了。他从来没有发布过这种糊涂的命令，在人类的心灵中还没有记载过这样的事情：当上帝希望人做什么事情的时候，他是不会吩咐另一个人去告诉那个人的，他要自己去告诉那个人，他要把他所希望的事情记在那个人的心上。

所以，我发现，所有那些想阻止欲念发生的人，和企图从根本上铲除欲念的人差不多是一样的愚蠢。要是有人以为我在这个时期以前所采用的办法就是要达到这样的目的，那简直是大大地误解了我的意思。

——卢 梭

※ 智慧隽语 ※

当上帝希望人做什么事情的时候，他是不会吩咐另一个人去告诉那个人的，他要自己去告诉那个人，他要把他所希望的事情记在那个人的心上。

弱势的情绪

愤怒的狂风啊！苦恼的狂风啊！这该是多么苦恼啊！但是，这根不算什么！他觉得自己是极其坚强的，什么苦都行，再怎么苦也一样！

啊！坚强是多么好啊！坚强的时候，苦该是怎样的好啊！

只有不幸，才能让人们知道——

能超越几个世纪而存活的人们，是比死还强硬的人。

苦恼的观念与在血泊里痛苦的人之间，没有任何的关系；关于死的想法，和挣扎着死去的肉体以及灵魂的痉挛之间，也没有任何的关系。人类所说的一切言语、人类所有的智慧，和对现实不知所措的悲伤比较起来，只不过是呆板的自动式玩偶剧而已。

——罗曼·罗兰

※ 智慧隽语 ※

只有不幸，才能让人们知道——

能超越几个世纪而存活的人们，是比死还强硬的人。

有限的自由

自由？你们有什么自由？在今日、在自己的国家，你们当中有谁是自由的？行动自由吗？不！国家只是让你们的生命得到自由，让你们不是杀人者就是被暗杀者。说话自由吗？写作自由吗？不！你们一旦写下自己的思想，就会被送到监狱里去，有独自思考的自由吗？不！你们得好好地将自己隐藏起来，虽然连坑洞底下都是不安全的。

保持沉默啊！保持警戒啊！你们正被那些行动的监视者、别着华丽钮扣的士官长、精神的监视者——教会、大学等命令人们应该相信什么、应该否定什么的地方，严密地监视着。

——罗曼·罗兰

※ 智慧隽语 ※

国家只是让你们的生命得到自由，让你们不是杀人者就是被暗杀者。

了解神性

我们对真理和知识的介入，无论采取的是什么方式，都不是由我们自身的力量获得的。上帝从简陋和无知的凡人那里选取的充足的证据曾清楚地告诉过我们这一点。是他教诲我们他那令人遵从的奥秘。我们的信仰并非我们自身的要求，它不过是另一个自由的东西的表现而已。我们并非通过推理和理解获得我们自己的宗教，而是通过外在的权威和命令。我们判断的脆弱比坚强在信仰方面，对我们的帮助更大；我们的盲目也比我们的清醒在这方面帮助更大。我们更多地是通过对无知的沉思而不是对知识的沉思，才学到神的学问。

——蒙　田

※ 智慧隽语 ※

我们更多地是通过对无知的沉思而不是对知识的沉思，才学到神的学问。

理智与热情

理智和热情相结合是罕见的。理智总是实事求是地看待事物。醉汉看见物体增大 1 倍时就表明他已失去了理智。热情就像酒：它能在血管中引起如此多的骚动，在神经中引起如此猛烈的颤动，结果理智被完全摧毁。理智只能引起些微的震动，仅能在大脑中增加一些活力。这种情况发生在滔滔不绝、口若悬河的演说中，尤其是在崇高的诗情中。理智的热情是大诗人的特征，这种理智的热情使他们的艺术臻于完美。在过去，人们相信这些诗人是被诸神赐予灵感的，但对其他的艺术家则没有这样的评论。

——伏尔泰

※ 智慧隽语 ※

理智的热情是大诗人的特征，这种理智的热情使他们的艺术臻于完美。

客观的理性

我们知道你就像世人评论我那样地批判我，但我并不会因此而责怪你。我佩服这种保守力量与习俗的严谨。就整个人类来讲，这样的情形有其意义存在着，而我也很清楚这在你们的种族里是根深蒂固的；而你的服从也是极自然的，我尊敬存在于你心中的这种观念……

但是，即使要受尽所有人的责难，我也要穷尽我无限的意志力，不让上天赐予我孩子的这种行为受到否定……这是我惟一值得安慰的。也许在我的一生当中，这是上天所能给予我的喜悦中最纯洁的喜悦，所以我如何能去否定它呢？不管怎样，不要去伤害这种喜悦。

——米兰·昆德拉

※ 智慧隽语 ※

我们知道你就像世人评论我那样地批判我，但我并不会因此而责怪你。我佩服这种保守力量与习俗的严谨。

理智的悲哀

一只狗欠一只狗什么，一匹马欠一匹马什么？什么都不欠，没有一种动物依赖它的同类。可是人类接受了叫作理智的神性光芒，结果是什么？几乎全世界都有奴隶制。

这个世界看来并非像它应有的样子，也就是说，如果人类发现在世界各地都可以轻松、有保障地生活，有和人类本性相适应的气候，一个人就不可能去征服另一个人，这是很清楚的。如果这个地球上长满了有益于健康的水果，如果我们生命中不可缺少的空气不再导致我们生病和死亡，如果人类只需要像鹿那样的住所和床铺，那么，成吉思汗和帖木儿除了他的孩子就不会有其他仆人，他们的孩子将很正直，并帮助他们安度晚年。

——伏尔泰

※ 智慧隽语 ※

可是人类接受了叫作理智的神性光芒，结果是什么？几乎全世界都有奴隶制。

人类意识

人们不想和生命分手，虽然大多数人的生活并不是由巨大的痛苦和巨大的欢乐所组成，而是由劳动的汗味和简单的肉体的满足所组成的。但在这一切的同时，许多人却是以无底的塌陷把他们自己相互分隔开来，只有经常会折断的爱和艺术的细竿有时会把他们联结在一起。

但是由清醒的理智和想像所产生出来的人类的意识终究包含着整个宇宙，包含着它星星般发生的种种神秘的冰凉的恐怖，也包含着人的诞生及短暂生命所具有的偶然性的那种个人悲剧。但就是这样，不知为什么也没有引起绝望，也没有使他的行为具有毫无意义的枉然感，这就像聪明的蚂蚁总是不停止它们孜孜不倦的工作。显然，它们是为了工作有用的必要性而操心。人类似乎觉得他在地球上有至高无上的权力，所以他确信他是不朽的。

——劳伦斯

※ 智慧隽语 ※

人们不想和生命分手，虽然大多数人的生活并不是由巨大的痛苦和巨大的欢乐所组成，而是由劳动的汗味和简单的肉体的满足所组成的。

夭折的生命

大部分的人在二十几岁的时候就死了。一过了这个年龄，就只剩下自己的反照罢了。他们的残生便只在模仿自己当中度过。在他们“活着”的时候所说过、做过、想过、爱过的事物日渐机械化及变得更粗糙的反复当中，他们度完了残年余生。

正因为他们彼此都认同了一样力不可追的事物，所以更不能拉近彼此耿耿于怀、心怀不平的小人灵魂。正因为接触了因为自己的不幸而否定了别人的幸福的平凡人或病人的愚昧厌世观念，所以才无法给健全的人健康的乐趣。

——罗曼·罗兰

※ 智慧隽语 ※

在他们“活着”的时候所说过、做过、想过、爱过的事物日渐机械化及变得更粗糙的反复当中，他们度完了残年余生。

真正的盼望

当你在全然寂静的时刻中，不妨自问：“我真正盼望的是什么？”然后老老实实回答看看。

过着没有工作也不必担心的豪奢生活，享尽天下的荣华富贵，这大概是某教徒想像中的乐园生活吧！但这种生活在我们的文明社会中，可以说是已经不存在了。亦即，在你这辈子里，必然无法获得这样的生活。

那么你为什么不盼望有个工作，在正确的引导下，过着舒畅、稳定而无压力的生活呢？这件事是任何人都做得到的，只要心中强烈地希望过着那样的生活，并且朝着那条道路前进。

大部分人都不知道自己在期望些什么，甚至很少会真正去思考这方面的问题。有些人期望去做根本不可能达到的事，结果徒劳无功；也有些人一直在变更期望，因此一事无成。但对于符合自己力量和现实世界秩序的事情始终抱着积极态度的人，常能完成不可能完成的事。

——希尔提

※ 智慧隽语 ※

大部分人都不知道自己在期望些什么，甚至很少会真正去思考这方面的问题。

友谊如是说

拥有朋友

谁要在世界上遇到过一次友爱之心的关怀，体会过肝胆相照的境界，就是尝到了天上人间的欢乐、终生都要为之苦恼的欢乐……

我有一个朋友了？他跟我隔得那么远，又那么近，永久在我心头。我把他占有了，他把我占有了。我的朋友是爱我的。“爱”把我们两人的灵魂交融为一了。

朋友看朋友是透明的，他们彼此交换生命。双方的声音容貌在那里互相模仿，心灵也在那里互相模仿。

一个人觉得自己在朋友心中占着那么重要的地位，即使自以为不够资格，也是最快乐的。

有了朋友，生命才显出它全部的价值；一个人活着是为了朋友；保持自己生命的完整，不受时间侵蚀，也是为了朋友。

——罗曼·罗兰

※ 智慧隽语 ※

朋友看朋友是透明的，他们彼此交换生命。双方的声音容貌在那里互相模仿，心灵也在那里互相模仿。

友谊是分享

友谊是一种伙伴关系。一个人对己如何就应对友如何。在他自已的意识中他渴望生存，他便也渴望有朋友存在。这一意识会在他们共同生活时表现出来。自然，他们也以共同生活为目标。而且，不论各阶层的人有何种生活方式，不论他们认为生命价值何在，他们均希望与朋友共享。因此，有人共饮，有的人共赌，有的共同锻炼、共同打猎，有的共同研究哲学。总之每个阶层的人按其最喜爱的方式与友人共度时光。由于他们希望与朋友共同生活，他们就分享能给共同生活带来欢乐的事情。因此，坏人的友谊变成罪孽出于其不稳定性，他们在犯罪时结合起来，另外，他们在变得彼此相像时，也就变得更坏了。而好人的友谊则是美好的，美德与友谊共同增长，他们通过互相校正而变得更好。因为从对方身上他们看到了他们所赞美的气质——可以说："高贵的举止来自高贵的人。”

——亚里士多德

※ 智慧隽语 ※

每个阶层的人按其最喜爱的方式与友人共度时光。

友谊的联结

两个心灵，两个世界，它们围绕太阳的轨道互相拥抱在一起，好像结绳者用手织成的网。两种孤寂的处境自己结合在一起，形成节奏，便于呼吸。一个人对人群毫不理解，他感到的是迷失在猴子与老虎出没的丛林中大声呼救的人的孤寂；另一个人什么全理解，他的孤寂是理解得太多的人的孤寂。此人对什么也不坚持不放，虽然没有任何人坚持要他这样做。

友谊是吸铁石，必须比铁还坚硬，才能够抗拒友谊。

在情谊方面，世界好像是一个小商贩，它只能把情谊零星地出售。

——罗曼·罗兰

※ 智慧隽语 ※

两个心灵，两个世界，它们围绕太阳的轨道互相拥抱在一起，好像结绳者用手织成的网。两种孤寂的处境自己结合在一起，形成节奏，便于呼吸。

不可分割的友谊

我所说的十全十美的友谊是不可分割的。一个人把自己的一切都交给了朋友，以致再没有什么可以分给其他人的了。相反，他很遗憾自己没有两倍、三倍、四倍之身，没有几个灵魂、几个意愿，如果有，便会将它们全都献给一个朋友。一般的友谊则是可分的，你可以爱第一个人的美貌，另一个人的随和，第三个的慷慨，第四个的父爱，第五个的手足情，不一而足。但是，与灵魂相融的友谊，以绝对权力统治灵魂的友谊只能有一个。如果有两个人同时呼救，你去救谁？如果他们的请求与你提供的救助相矛盾，你怎么办？如果一个人相信你，让你为一件事情保密，而如果另一位知道此事偏偏会有好处，你怎样选择？能够一变二已属伟大的奇迹，侈谈一变三的人们简直不知道事情的崇高之处，这是无与伦比的。认为我可以同等地爱两个人的人，认为他们彼此之爱，他们对我之爱与我对他们之爱相同的人，把最单一的事物寓于博爱之中，又把许多事物合为一体，其实，哪怕得到其中一个事物在世上也实属难能可贵。

——蒙　田

※ 智慧隽语 ※

我所说的十全十美的友谊是不可分割的。

分担生命的朋友

当一个人有幸在人世间遇见忠诚的性灵，可以分担最私人化的思想，而且彼此已结成兄弟般的情谊，那这种亲密的关系是神圣的，不能在考验的时刻打断它。舆论并没有权利控制心灵，如果谁为了服从它傲慢的命令而懦弱地否认这种友谊，那他就是一个懦夫。

一个朋友永远不会离开他的友人，除非他的心灵同意时……

我永远接近那些不在我眼前的人，对眼前的人们却比较疏远。因为他们的外表很少反映性灵，却大都是横亘在他们和我的性灵之间的纱幕。

谅解即使不能解决冲突，也能消除仇恨，而我是把仇恨看成最大的敌人的。朋友的欺骗是一种日常的磨难，像一个人害病和闹穷一样，也像跟愚蠢的人斗争一样。应当把自己武装起来。如果支持不住，那一定是个可怜的男子。

——罗曼·罗兰

※ 智慧隽语 ※

一个朋友永远不会离开他的友人，除非他的心灵同意时……

朋友的责任

人生是有限的。有多少事情人来不及做完就死去了。但如果有一位知心的挚友，人就可以安心瞑目，因为他将能承担你所未完成的事业。因此一个好朋友实际上可以使你获得又一次生命。人生中又有多少事，是一个人不便由自己出面去办的。比如，人为了避免自夸之嫌，很难由自己讲述自己的功绩；人的自尊心又使人在许多情况下无法低声下气去恳求别人。但是如果有一个可靠而忠实的朋友，这些事就都可以很妥当地办到了。又比如在儿子面前，你要保持父亲的身份；在妻子面前，你要考虑身为男子汉的体面；在仇敌面前，你要维护自己的尊严；但面对作为第三者的朋友，你就可以全然不计较这一切，而就事论事，实事求是地表现最真实的自我。

——培　根

※ 智慧隽语 ※

一个好朋友实际上可以使你获得又一次生命。

挚　友

这是心灵的联姻，是两个有情感和良知的人之间的契约。所谓有情感，是指一个修道士、一个孤独者也许一点也不坏，但他们活着却不知友谊为何物。所谓良知，是因为邪恶者只有帮凶，好色之徒在放荡淫逸中有其同伴，追求私利者有其同伙。政客周围有各种宗派，君主有其朝臣，就连无赖也有其小团伙，只有善良的人才有朋友。

两颗亲密诚实的心之间的契约中包含什么内容呢？友情的牢固与否取决于朋友间情感的深厚程度以及各自给予对方帮助的多少。

——莱·亨特

※ 智慧隽语 ※

友情的牢固与否取决于朋友间情感的深厚程度以及各自给予对方帮助的多少。

真正的友谊

我们平常所称的“朋友”与“交谊”无非是因某种机缘或出于一定利益，彼此心灵相通而形成的亲密往来和友善关系。而我这里要说的友谊，则是两颗心的叠合，我中有你，你中有我，浑然成为一体，令二者联结起来的纽带已消隐其中，再也无从辨认。倘若有人硬要我说出为什么我爱他，我会感到不知如何表达，而只好这样回答：“因为那是他，因为这是我。”

这种结合出于某种我无法解释的必然如此的媒介力量，超乎我的一切理论，也不是我的任何言辞所能够表达的。我们未谋面之前，仅仅因为彼此听到别人谈及对方，就已经渴望相见。别人的话对我们的感情产生了巨大的影响。我们光听说对方的名字就已经心心相印。按常理来说，那是不可能产生这种效果的。

——蒙　田

※ 智慧隽语 ※

倘若有人硬要我说出为什么我爱他，我会感到不知如何表达，而只好这样回答："因为那是他，因为这是我。"

友情的尺度

所谓的至友，就是在我们处于困苦之中，仍不抛弃我们的人。但通常事实都犹如消极的谚语说的——"痛苦的时候，一打的朋友都不到半盎司重。"

在我们遭遇不幸时，不但没有离我们远去，反而接近我们的人，便足以显示出此人善良且足以值得信赖的性格。

相反的，在我们不幸时，厚着脸皮，残酷地转身而去，将朋友关系降格为"仅仅相识"……只有这群家伙，在你飞黄腾达、如日中天时，才会不招自来。此时，斥退这些家伙是我们的义务。

友情的关键及衡量友情的真正尺度，是我们藉着友情相互从私欲中解脱出来而获得的自由。

——希尔提

※ 智慧隽语 ※

友情的关键及衡量友情的真正尺度，是我们藉着友情相互从私欲中解脱出来而获得的自由。

偶然产生的感情

我们可能认为我们爱自己的朋友，可他们没有一个人完全满意我们。他们以傲慢自大刺痛我们，而对我们的傲慢自大却毫无反应。并不是我们与他们中间所有的人都不能相处。多么奇怪，不可思议的事发生了：我们偶然与异性相遇，便马上和他们心心相印，似乎神交已久。这种情绪会完全渗入我们身体的每一处角落，注入每一道裂缝之中。爱情，这从天而降、熔化一切的火，练就了这种矛盾的结合体。尽管生理因素几乎常常发挥它的作用，但在人生长途跋涉中，一般的想象，要比生理因素更能促使人果断地下决心，因为感情属于精神领域。为了使之丰富、成功，人们会进一步发挥身体结合的作用。

——爱默生

※ 智慧隽语 ※

尽管生理因素几乎常常发挥它的作用，但在人生长途跋涉中，一般的想象，要比生理因素更能促使人果断地下决心，因为感情属于精神领域。

朋友的朋友

“我们朋友的朋友，也就是我们的朋友，且必定如此。”这种主张，绝不是不辨自明的道理。这种过分的要求，反而会引起具有自主性的人的反感。

如果你的朋友把他的朋友介绍给你，你当然也要对那个人表示好感，并且欢迎他。

不过，因为新朋友的加入，而使得以前的友情关系产生裂痕，这种情形也经常发生。例如：太顾虑新加入的朋友，而忽视了原来的朋友。

有时候，这种情形也有可能是因为新朋友与旧朋友不合而引起的，而且即使此时远离新朋友，在双方的心理上，也仍然会留下疙瘩。

总之，碰到以上任何一种情形，朋友之间都应该要特别小心。

——希尔提

※ 智慧隽语 ※

我们朋友的朋友，也就是我们的朋友，且必定如此。

高标准的友谊

我们对友谊的要求越高，用血肉来构筑它当然也就越困难。我们在这世上踯躅独行。我们所企望的友情只是梦想和寓言中才会存在的东西。但有一个光辉的希望却总能让一颗忠诚的心永远欢愉：在别处，在宇宙力量充塞的其他地方，灵魂在行动、在忍受、在奋斗。灵魂会爱我们，而我们也可以爱它们。我们可以庆贺自己独自一人走过了不成熟和愚蠢、走过了粗心和羞辱的阶段。当我们长大成人之时，我们英雄的手将紧紧相握。只拿你已看明白的事理来训诫自己。不要结交廉价的朋友，那不是友谊。正是因为缺乏耐心，我们误入莽撞和不明智的交往。这种交往是没有神庇佑的。坚持走自己的路尽管你会失去一些，但得到的却会更多。你有了自己的主见，你展示了自己。于是你不再受那些虚假关系的约束，你将与世界的始祖们在一起——他们可不常在世上出现，只是偶尔降生于世。在他们面前，那种粗俗的炫耀只是飘游的阴影和幽灵而已。

——爱默生

※ 智慧隽语 ※

不要结交廉价的朋友，那不是友谊。

遵从友谊的仪式

在人际关系中，最愉快、最真实的体验是平稳而永远不变的友情。从小孩子甚至动物身上，都可以发现那种友情，而且极易分辨出哪种是短暂的友情，哪种是持久的友情。

对友情的遗骸而言，我们无论何时都有义务去遵守具有荣誉的送葬仪式。这是所有真实且伟大友情所面对的必要体验，也是一项虽悲恸莫名却不能或缺的试炼。而且与其一天一天地拖延下去，不如早一点进行才适合时宜。因为这个风暴一旦过去，就是再次收获友情丰美果实的最佳时刻。

——希尔提

※ 智慧隽语 ※

在人际关系中，最愉快、最真实的体验，是平稳而永远不变的友情。

爱朋友

于是我们像对待书本一样地对待我的朋友。当我能找到他们时，我乐意拥有他们，但我很少利用他们。我们必须自己决定与别人的交往，可以以最微小的理由决定是要还是不要这种交往。和朋友谈得太快，我实在担当不起。如果他是伟大的，那么他将使我也变得伟大，使我无法谈一些形而下的东西。在伟大的日子里，预感重现在天幕中，在我前方，很远很远的地方。这时，我就应该把自己奉献给预感。我四下奔跑，想要抓住它们。我害怕失去它们，害怕它们隐入苍穹，成为天上略为明亮的云彩。同样，虽然我珍重我的朋友，但我也承担不起去和他们交谈的责任，去研究他们的形象，或许会将我自己也丢失了。我希望不再做这种高尚的探求，放弃这精神上的太空探寻，不再追寻那星星，而希望和你共享温情。这一定会给我一种平淡的喜悦。

——爱默生

※ 智慧隽语 ※

我们必须自己决定与别人的交往，可以以最微小的理由决定是要还是不要这种交往。

暂时分离的友谊

但我知道，我会永远为我伟大神灵的的逝去而哀叹。的确，下周我就会有慵懒的时刻。那时，我有足够的空闲思考那些不熟悉的东西，我会后悔不能再读你的思想了，会希望你重新回到我的身旁。但倘若你真的来了，我或许只能看见你的新形象。你呈现给我的，不是你的真实，而是亮闪闪的外套。我还会如现在一样无法同你交谈。因此，我感激朋友们同我进行短暂的交流。我获得的是他们自己，而不是他们所拥有的东西。他们给予我的不是能正常赠予的东西，而是他们的辐射。他们再不能用那些微妙和纯净的关系来约束我了。我们相遇，恰如我们未曾相遇；我们分手，恰如我们未曾分手。

——爱默生

※ 智慧隽语 ※

我感激朋友们同我进行短暂的交流。我获得的是他们自己，而不是他们所拥有的东西。

友谊之于人类

在友谊里却是一片普遍的温热，平匀而且有节度，一片安静恒定的温热，全是温柔和平滑，没有锐利的刺螫。而在爱情里，只有一个狂妄的欲望追随着那逃避我们的东西。

一进到友谊的领域，就是说，在意志的合同里，它便松弛了。把它毁坏，因为它有着一个肉体的目的，爱受制于餍足；反之，友谊是按其被想念的程度来计算享受的：享受适足以产生、滋养、增长它，因为它是精神的，灵魂由于实用而更加优美。在这完美的友谊中，那些易逝的情感曾一度在我里面找到一个位置，更不用说他——在他的诗里他已经很清楚地坦白了。这样，我蕴藏着这两种热情，二者都互相渗透，但要比较，却永远不能！前者很坚定地在一个骄矜高傲的飞翔里升起来，带着轻蔑去眺望这后者怎样蠕行，在老远老远的下面。

——蒙 田

※ 智慧隽语 ※

在这完美的友谊期间，那些易逝的情感曾一度在我里面找到一个位置，更不用说他——在他的诗里他已经很清楚地坦白了。

精神上的友谊

没必要害怕我们的关系太精神化，似乎这样就不再有真正的爱一样。我们的悟性使我们对一些观点做出的修改，一定会被自然证明是正确的。虽然看起来这使我们失去了一些欢乐，但却以更大的欢乐来回报我们。我们应当感到，我们需要绝对的真空。我们相信我们已拥有一切。我们去欧洲，我们追求别人，我们读书，我们本能相信这些会帮助我们懂得事物的真谛，了解自己的本来面目，一群乞丐，真是可怜之极！其实，别人正是和我们一样的人；欧洲只是死者的一件褪色的旧外套。书本则是他们的鬼魂。抛去这种偶像崇拜吧，不要再行乞了。让我们甚至对最亲近的朋友也说声再见，违心地对他说："你是谁?放开我，我不再依赖你了。"哦，我的兄弟，你难道没有发现，我们现在分别，却会在一个更高的层次上相遇?你难道不知道，因为我们更多地拥有了自己，我们就可以更多地拥有对方？朋友是双面人，他既回首过去，又展望未来。

——爱默生

※ 智慧隽语 ※

朋友是双面人，他既回首过去，又展望未来。

真实的友情

我可不想优雅地去对待友情，而是能够粗线条地去处理它。当友情的确存在时，它不是海市蜃楼，而是世上最真实可信的东西。现在，在有了这么多年的人生体验之后，我们对自然、对自己又了解多少？在归宿这个问题上，人类连一步都未曾迈出。世上所有的人都可以被斥为愚蠢。我在同我朋友的心灵沟通时获得的那份甜美真诚的欢喜和平安，正是果实的内核。自然也罢，思想也罢，不过是外壳而已。有朋友到来的日子是快乐的，即使他只待一天，也值得像节日里造起亭子和拱门那样为他建造一座房子。如果他懂得这种关系的神圣并尊重这种关系的法则的话，就更令人高兴了。这可不是无谓的约束，也不是什么假日的约会。尊重这种协议的人就像一个参加奥林匹克竞赛的人，他把自己置于同时间、欲望、危险的竞赛中。只要他拥有足够的真诚，就不会因为对手而磨损他那优雅的美，他就是惟一的胜利者。不管幸运之神是否眷顾，这竞赛的成功之机取决于人们内心的崇高和不拘小节。

——爱默生

※ 智慧隽语 ※

当友情的确存在时，它不是海市蜃楼，而是世上最坚实可信的东西。

令人心动的友情

有人能够推心置腹、毫无保留地待你，你能够拒绝这种乐趣吗?这给你的日常生活带来光辉。而这有什么错，有什么危险呢?只要你沉住气，能控制自己，而且你所要求的只是做有益的事，有益于对方的事。

在如此贫瘠和妒忌戒备着的土地上，怎能开放出友谊之花呢?思想藏在一个秘密、深远、模糊不清的远方，我希望有这样的眼睛对我说："我不是你!"这就值得我为之痛苦! 如果愿望是共同的，这两柄剑的交叉也是两个灵魂的最终拥抱。他们忍受痛苦，彼此是打开对方心灵的美好的万能钥匙。不过这样的斗争不是没有风险的：长矛投向盔甲而自折，却触及肌肤，并在内心留下伤痕。

——罗曼·罗兰

※ 智慧隽语 ※

我希望有人对我说："我不是你！"这就值得我为之痛苦！

皈依自我

自我即是世界

各人都用自己的形象去看世界。心中没有生机的人所看到的宇宙是枯萎的宇宙；他们不会想到年轻的心中充满着期待、希望，和痛苦的呻吟。即使想到，他们也冷着心肠，带着倦于人世的意味，含讥带讽地把别人批判一阵。

在互相尊重、互相爱护的人之间比互相不关心或互相敌视的人之间，人们表现得更为敏感。

一个活生生的具有相当价值的性灵比最伟大的艺术品还可贵。

人与人之间主要的区别就在于他们有些人是积极的，另一些人是消极的。

人的本性用突然袭击提醒你，条约没有签字是不能生效的。

往往一个人寻找的上帝就在他自己身上而不知道。你得和他一道度过危难之后才认识他。

——罗曼·罗兰

※ 智慧隽语 ※

往往一个人寻找的上帝就在他自己身上而不知道。你得和他一道度过危难之后才认识他。

两个自我

我们不管谁，都有两个自我。若有人知道其中一个自我是从哪里开始，另一个自我是到哪里结束的话，那个人可以说是当之无愧的贤人。

如果稍微注意观察一下我们主观的、经验的、个人的自我，可以了解到，那是依存于外部，很容易受到各种影响的。因此，是无法让人确实信赖的。何况，对我们而言，并不能从中得到标准和意见。至于另外那个自我，隐藏在第一个自我之中而与之相混。然而，第二个自我和第一个自我绝不能混为一谈。那个崇高神圣的自我不是个人之物，是与上帝、生命、宇宙、超乎个体之物紧密相连。按照第二个自我来行事就不会出错，宗教一部分是关于上帝和自我的认识，另一部分则与反复无常、自私的自我相脱离。那是为了接近我们心中神性的自我所做的精神训练和修行制度。

——黑　塞

※ 智慧隽语 ※

若有人知道其中一个自我是从哪里开始，另一个自我是到哪里结束的话，那个人可以说是当之无愧的贤人。

坚强的人

有的人认为自己的理智和逻辑能够满足便是一种愉快；他们的牺牲不是为了个人，而是为了思想。这是最刚强的人。

最有气魄的人也只是造出些角色来给自己扮演，而并不为自己打算。

一个人最大的敌人是神经衰弱性的怀疑。宽容是可以的，而且是应当的。但决不能怀疑你所信以为真的东西。凡是你相信的，你都应当保护。

何况一个人还有一颗心，而心是无论如何必须有所依恋的。如果一无依傍，它就活不了。

——罗曼·罗兰

※ 智慧隽语 ※

宽容是可以的，而且是应当的。但决不能怀疑你所信以为真的东西。凡是你相信的，你都应当保护。

永远向前的过程

人的一生，从母体中到死亡，好比一列运行的火车，刚刚启动即加快速度，然后渐渐减速，最后停下。一个人在来到世间的最初几个月，他走过了祖先们费时千百万年所跋涉的阶段。接着，他开拓了新的疆域，而这之后的一切努力，决定着他一生中最后的历程。在停止脚步之前，他能走多远呢？

我们必须敦促自己，要注意去发展那些与丰富知识、提高技能的手段不同的东西——如果它存在的话。人要变得有价值，那就意味着要发展我们与他人相处的关系，要善于在闲暇之际能适当地娱乐。在这发展之中，伴随着新的阶段，会出现新的障碍。这样，为了向前的一步，往往就要向后退一步或半步。

——希瑞南

※ 智慧隽语 ※

我们必须敦促自己，要注意去发展那些与丰富知识、提高技能的手段不同的东西。

认识自我

人们通过别人看见自己，每个人都通过他人了解自己。人们只通过反射认识自己。

每个人都有他的隐藏的精华，和任何别人的精华不同，它使人具有自己的气味。

人们往往自以为缺己不可……其实没有一个人能够在世界上占据如此重要的地位。

人们简直可以说是献给神庙的祭品。

人只能给予自己有的东西。

一个人真要有很大的才智和力量，才能知道自己的弱点，才能使自己即使不能完全自主，至少也能控制自己的民族性，——那是像一条船一样带着你往前冲的，——才能把宿命作为自己的工具而加以利用，拿它当做一张帆似的，看着风向把它或是张起来或是落下去。

——罗曼·罗兰

※ 智慧隽语 ※

人们通过别人看见自己，每个人都通过他人了解自己。人们只通过反射认识自己。

自我主义

我属于一种精神族类，在未来的秩序中，这种族类没有地位。它对于未来和对于过去，都毫无幻想。我理解一切，可是我对什么也不相信。理解得太多，就在我身上消灭了行动的兴趣。

我的天性喜欢紧扣眼前的现实而生活。你能够了解：要我等待未来是多么痛苦。

别人身上有的一切，我身上都有。以前我隐藏着，现在我暴露自己。以前的我不过是现在的我的影子。直至今日，我生活在白日梦中，可是现实却存在于我的被压抑的梦中。现实在我面前，世界在战争中。

我能主宰自己的意志——可是对我的心和感情呢，从来就不能，现在也不能，也不想。爱情并不靠意志，至少真正的爱不靠它。只有一件事得靠意志：我的思想与性灵的发展。

——罗曼·罗兰

※ 智慧隽语 ※

爱情并不靠意志，至少真正的爱不靠它。只有一件事得靠意志：我的思想与性灵的发展。

体会自我

只要他肯于练习看、听、触、感的本领，尽管他以前从来没有使用过这些器官；只要他不求完美，只求用自己的双手进行创造；只要他能够想出解放自我的方法；只要他用心去听他自己对妻子、儿女、朋友讲的话，用心去听自己对自己讲的话，用心去听别人对他讲的话，而且敢于直视他们的眼睛；只要他学会尊重自己的创造过程，相信自己的创造最终会有结果，他就有可能改变自己的命运。

不过我们要提醒自己：不努力，不亲手实践，是不可能发生变化的。成就个人的道路没有书本或公式可循。我只知道一个真理：我存在，我就是我，我在这里，我要成就我自己。我创造的是自己的生活，没有人可以替代我。我必须正视自己的缺点、错误和种种出格的行为。我如果失去了自我存在，没有人会比我自己更为痛苦。但是明天又是新的一天了，我必须爬起来，重新开始生活。即使我失败了，我也不会轻易地把责任推给你、生活或上帝。

——仁　科

※ 智慧隽语 ※

只要他学会尊重自己的创造过程，相信自己的创造最终会有结果，他就有可能改变自己的命运。

自己的人生

我们必须过自己的生活。对我们每个人而言，新的自我意味着虽常有困难，但仍有美的存在。没有所谓人生的规范，人生赋予每个人各自不同的任务。所以，没有生而无能事这件事。即使最没有能力的人，也能过着有价值的真正生活。接受赋予自己的生活情境和特别的任务，而且尝试去实现它，对其他的人而言，就具有了某种意义。这才是真正的人性，经常绽放高贵、慈悲的光芒。

人类不可悲观地看待自己。首先要照原样接受得自于上帝的才能和缺点，加以肯定，而且应该试着发展并达到最善的境界。上帝针对每个人给予试炼，如果我们不接受，不协助其实现，就会成为上帝的敌人。

——黑　塞

※ 智慧隽语 ※

我们必须过自己的生活。对我们每个人而言，新的自我意味着虽常有困难，但仍有美的存在。没有所谓人生的规范，人生赋予每个人各自不同的任务。

暂时的迷失

人的发展是没有止境的，所以你永远有东西与人分享，永远可以使人快乐。

人只会暂时迷失自己，不会永远迷失自己。你只要想把自己的价值寻找回来，你任何时候都可以做到。你已经拥有知识，就永远也不会失去它。什么时候你切实感到心里空荡荡的，十分难受，有一股强烈的欲望想说、想叫，你就会知道那就是你那可贵的个性在叫："我还存在？我还存在？我在你的心里。来吧，发现我，发展我，把我带给大家一起分享吧"，你就会明白人的本质所在了。但是，可悲的是很多人都认为本质存在于外物之中，而不在内心深处。

——巴士卡里雅

※ 智慧隽语 ※

你只要想把自己的价值寻找回来，你任何时候都可以做到。

平等的生命

人类的生活，是通往自己本身的道路。是一条尝试的路途、一条充满暗示的小径。不管任何人都不曾以完全真我的面目出现在世上，但每个人都努力在完成它，有的含混，有的清楚，各自适应其本身的能力，人至死都带着诞生的残渣、原始世界的黏液和蛋壳。如果没有成为人，有的就以青蛙、蜥蜴、蚂蚁的状态活着，也有的上半身是人而下半身是鱼。但每个人都是自然投往人类之靶的镖枪。我们的来历、母亲都相同，我们都出自同一洞穴。各人都朝着自己本来的目标而努力着。我们能够相互了解，却只能以自己本身来说明。

——黑　塞

※ 智慧隽语 ※

我们的来历、母亲都相同，我们都出自同一洞穴。各人都朝着自己本来的目标而努力着。我们能够相互了解，却只能以自己本身来说明。

自 我

我并不相信有什么绝对的个人。正如没有绝对的自由一样，绝对的个人也是没有的。一个个体，便包含了整个社会，包含了整个社会作为一个整体所表现出的各种反应。个人的感受是整个社会的感受。千百万人的感受所产生的效应，其中包括了陈规陋习、宗教信仰以至各种传说、寓言故事等带来的影响。

所谓的“我”是不存在的，“我”即千百万互相争论的人，有好人，有坏人，有智者，有愚夫，有弱者，有强者。所有这些人都在一个个体中争执著，搏斗着，最终某一部分一旦获胜，便向大脑、舌头、四肢发号施令。根据这一号令，个体便采取某种行动，而这行动便归属“我”。

可能发号施令的是一个坏人，那么好人便将在个体内大声疾呼，提出抗议，或哭着谴责并惩罚这个个体。

——库杜斯

※ 智慧隽语 ※

所谓的“我”是不存在的，“我”即千百万互相争论的人，有好人，有坏人，有智者，有愚夫，有弱者，有强者。

解析自我

当我此刻回顾遥远的昔日时，首先使我惊异的是那庞大的“自我”。一个人只有在生活中碰壁之后才能理解它究竟有多大。

世界就是这样。我就是我的样子。世界应当努力忍受我。而我嘛，我完全能忍受世界？

我愿为自己创造另一个生命，而不想压抑所有的生命。我要梦想给予我现实生活确切的幻觉，为了这一目的就必须体现这梦想。假如我不感到自己参与优秀的艺术生活，假如我不写作——我就不会感到幸福。

两个“我”，是孪生兄弟，是捆绑在一起而且互相冲突的：一个为未来而斗争，一个为冥土斗争。而第一个是对的，对冥土尚无权可言，他还在战斗的这一边。首先是生，忍受痛苦，做一个人？

——罗曼·罗兰

※ 智慧隽语 ※

我愿为自己创造另一个生命，而不想压抑所有的生命。

认识自己

谦逊让人有坚定的立场，在这样的境地人才能完成他所该做的事。反之，人的立场会因骄傲而变得脆弱。

若想成为坚强的人则必须像水一样：没有障碍物水便流动，有水坝水便不流，除去水坝水又开始流动；装到四方形容器它就成为四方形，装到圆形容器它就成为圆形。因为水有这种谦逊的性质，所以它比任何东西都重要，比任何东西都强。

所谓谦逊就是认识自己罪恶的深重，就是不夸耀自己的善行。

人把自己的内心世界挖得越深越发现自己的微不足道。成为圣贤的首要课程在哪里呢？在于谦逊，谦逊是人在试图认识自己的时候心中最先产生的感情。谦逊让人有更深一层的智慧；我们可以从了解自己的弱点中获得力量。

——柴　宁

※ 智慧隽语 ※

若想成为坚强的人则必须像水一样：没有障碍物水便流动，有水坝水便不流，除去水坝水又开始流动。

改善自己

自我完成是内在世界的事，同时也是外在世界的事。一个人不跟别人交往，不考虑别人对自己的影响以及自己对别人的影响，是无法完成自己的。

学习去除自己身上因无知而带来的顽劣，任何时候都不嫌晚。

无论我的教育程度多低，我照样能走上智慧的道路。我唯一担心的一件事情是傲慢自负。至高的智慧是单纯的，但是大家并不喜欢笔直的道路，而喜欢曲折的道路。

没有比集中力量于满足自己的物欲或肉欲更有害于自己和别人了。反之，没有比为改善自己的精神生活所做的努力更有益于自己和别人的了。

——托尔斯泰

※ 智慧隽语 ※

一个人不跟别人交往，不考虑别人对自己的影响以及自己对别人的影响，是无法完成自己的。

单独存在的自我

人各有其灵魂，无法和别人的灵魂相混合。两人可以并肩而行、依偎谈心，然而其灵魂就像花草般，被种在固定的地方，无法走到对方那边。如果要勉强而行，除了挖下根须，别无其他方法。因此，实际上这是不可能的。花若想相互交往，可互相递送香味和花粉。可是花粉要到达适当的场所，并非靠花本身的力量，而是靠风，风可以按照自己的意愿，到达任何地方。

毕竟每个人都有他自己的世界，无法与他人共有。

父亲不只将容貌留给自己的孩子，甚至头脑也可以作为遗产留下来，但灵魂是不能转让的，而是以新的风貌赋予每个人。

——黑　塞

※ 智慧隽语 ※

人各有其灵魂，无法和别人的灵魂相混合。

日臻完美的自我

当人感到必须确定自己生活的意义时，不仅要客观地评定自己的功绩，还要自问自己被赋予的本质，能否完全地、纯粹地表现在生活和行为之中。

所有的诱惑中最强烈的诱惑，是想要追求和本来的自我完全不同、自我无法达到的模范和理想。这个诱惑对资质优异的人更加强烈，比单纯的自我主义更危险，只因它具有高贵和道貌岸然的外表。

你要尽一切力量，以使你心中独特、美妙的本质成熟为目标。尽量舍弃与他人相同的部分，至少不要相信它，才会觉得快乐，否则毫无价值。

——黑　塞

※ 智慧隽语 ※

你要尽一切力量，以使你心中独特、美妙的本质成熟为目标。

自我完成

一个人能够自我完成——即充分发挥自己的才能和完成自己的愿望，才不虚此生。他瞧不起被心血来潮的奇想和放任自流的本能所左右的生活。但是自我完成要求把你所有的才能都发挥到尽善尽美的境界，然后你才有可能从生活中得到欢乐、美、感情和兴趣，它的难处在于别人的要求经常会限制你的活动。道德家们十分赞赏这个理论的合理性，却又害怕它的后果，所以用了不少笔墨力图证明，一个人在自我牺牲和无私之中，才能达到最完美的自我完成境界。这肯定不是歌德的意思，而且这样的说法也不见得正确。

——普鲁斯特

※ 智慧隽语 ※

一个人在自我牺牲和无私之中，才能达到最完美的自我完成境界。

审视自我

千万不要以为哪一天你会安定下来，生活是不会让你安定下来的。你必须变化，你必须不停地适应变化，也就意味着你会不停地面临新的困难。但这恰恰是生活的乐趣所在。一旦你被卷入发展的漩涡，你就无法停止下来，你的将来就注定了要在变化中度过。你随着生活的激流去了？但这是多么令人激动啊？

——巴士卡里雅

有些人不从文学性、审美的观念来审视整个人生，而认为人生是肉体上具体的烦恼和痛苦的命运的过程，而将之扛起。很遗憾的，我就是其中之一。这种人对痛苦的感受能力比对快乐的感受力还敏锐。像呼吸、睡眠、吃饭、消化那种单纯的动物性本能，与其说能够给人满足，毋宁说会带来痛苦和疲劳。尽管如此，在心中却能感到遵从自然的意志，肯定人生，承认痛苦，不在绝望之余放弃一切的冲动。所以，即使微乎其微，也能使自己高兴、快活而感到温暖和幸福，那是一般健康、正常、勤奋的人所体会不到的价值。

——黑　塞

※ 智慧隽语 ※

像呼吸、睡眠、吃饭、消化那种单纯的动物性本能，与其说能够给人满足，毋宁说会带来痛苦和疲劳。

人性的光明

宽以待人

我们对别人的判断往往是不正确的，因为任何人都无法明白别人生命中已经发生的事以及即将发生的事。

我们最容易犯的过错就是轻率断定别人为好人还是坏人、愚者还是贤者。人是像河川一样不断在流动、在变化的；人并非每天都以同样的面貌存在；人是有各种可能性的；傻瓜可能变聪明，邪恶的人可能变成善良的人，反之亦然。这就是人的伟大之处。因此我们如何去判断一个人呢？对方是怎样的人呢？也许在你下判断的时候，他已经变成另外一个人了。

我相信自己的本性是善，不是恶；而其他所有的人也是如此相信他们自己的。因此，即使我们难以了解别人心中所想的事，我们也应该对别人常怀善念。

——托尔斯泰

一个人能随时反省自己的缺点，便无暇思及别人的缺点。

——东方谚语

※ 智慧隽语 ※

我们对别人的判断往往是不正确的，因为任何人都无法明白别人生命中已经发生的事以及即将发生的事。

善的奖赏

人们说，对于做善事的人来说，如果认为奖赏并不在你心中，而且不是在此刻，只是在未来，那么他就没有真正体会到善行带给人的快乐。但如果没有奖赏，如果善不给人带来快乐，那么人就不会去做善事。问题仅在于：要明白什么是真正的奖赏。真正的奖赏不是外在的，也不在未来，而是在内心和现在，在于改善自己的灵魂。这即是奖赏，也是做善事的动机所在。一个人为另一个人所做的事不能称为真正的善。真正的善只能是自己为自己而做。即真正的善只存在于为灵魂的生活中，而不是为肉体的生活中。

——托尔斯泰

※ 智慧隽语 ※

真正的奖赏不是外在的，也不在未来，而是在内心和现在，在于改善自己的灵魂。

同 情

不论多么通晓世故的人，只要他不能同情别人，通常很容易变成轻蔑或惧怕人类的人。不想成为这种人的我们，所要遵守的不是理性或爱，而是单纯的同情。

所谓普通的人类之爱，无非就是同情。不然的话，人类之爱便只不过是漠不关心的心理准备的称呼而已。

只有同情，才是强有力、温暖、生动活泼的感情。那绝对不是傲慢地轻视别人的心情，也不是看到别人的不幸而高兴的不纯真心情。因为所谓的同情，就是“患难与共”。

能把别人的痛苦当做自己的痛苦，就会涌现出对别人伸出援手的真正冲动。刻意的情绪高涨，只能得到一个微小的兴致作为结束。

——希尔提

※ 智慧隽语 ※

能把别人的痛苦当做自己的痛苦，就会涌现出对别人伸出援手的真正冲动。

人性的顽劣与悲愁

在我们中间，那些被看做是道德的先知先觉者是那些抛弃了自己的日常愉快和用干涉别人的快乐来寻求补偿的人。在我们的德行概念中，有一种适合爱管闲事人的活动范围：除非某人把自己变成是大多数人所讨厌的人，否则我们就不认为他能成为一个特别好的人。这种态度就来自原罪概念。它不仅引导人们去干涉别人的自由，而且也使人变成伪君子，因为这种因循的标准大多数人实行起来也太困难了。

——罗　素

所有的人生来都具有一种相当强烈的倾向，即喜爱政治、财富和欢乐，并且对于懒惰有很大的兴趣。因此人人都愿意得到别人的金钱、妻子或女儿，做别人的主人，随心所欲地役使别人，自己什么事都不做，或者至多只做一些非常对胃口的事情。

——伏尔泰

※ 智慧隽语 ※

在我们中间，那些被看做是道德的先知先觉者是那些抛弃了自己的日常愉快和用干涉别人的快乐来寻求补偿的人。

憎恶罪恶的力量

只要诚心地祈求上帝的力量，就是力量再微弱的人，也能显示出最大的威力。但祈求是最重要的事。如果你要说自己没有那个力量，我便会回答你：“那是因为你根本不想完全放弃违逆上帝获得的享乐，而那却是祈求那个力量必须付出的代价。你没有祈求上帝的力量的勇气，你根本就不想得到上帝的力量。”

如果面临罪恶而没有“憎恶之力”，则不管有多么好的资质，什么也做不成，一切只能停留在计划上，无所作为。空有崇高的心灵作用，只能期望——“对天的憧憬”而已，产生不出任何行为。

这种憎恶罪恶的力量，无法得自于别人。对人类而言，爱是得自于天上，但憎恶却必须自己拥有。憎恶是地球存在后而有的东西，是地上的力量。

——希尔提

※ 智慧隽语 ※

对人类而言，爱是得自于天上，但憎恶却必须自己拥有。

真正的自责

自责远不只是对某事感到抱歉那么简单。自责是一种强烈的情感。一个自责的人感到真正厌恶他自己和他所做的事。真正的自责和随之而来的耻辱感是可以防止旧的罪行一次次重复的唯一的人的情感。哪里没有自责，哪里就会出现没有犯罪的幻觉。但是，我们在什么地方发现过真正的自责呢？以色列人为他们对迦南部落施行的灭绝种族的屠杀自责了吗？美国人为几乎彻底地消灭了印第安人自责了吗？几千年以来人们生活在这样的体制中，它允许胜利者无须自责，因为它令权力等同于权利。事实上，我们每个人都应该坦白承认由我们的祖先、我们的同代人或我们自己所犯下的罪行，无论是我们直接去干的，还是我们曾对这些罪行袖手旁观。我们应该坦率地公开以典礼的形式承认这些罪行。

——弗洛姆

※ 智慧隽语 ※

真正的自责和随之而来的耻辱感是可以防止旧的罪行一次次重复的唯一的人的情感。

播种爱

你必须尽可能不断地播下一些爱的种子，那是你结束学校生活后终其一生的工作。

不一定全部都要冒出来——那是你必须觉悟的一件事。即使全部撒在只有石头的地面上也无所谓，因为世界需要爱，即使世界本身没有爱，人们对爱的评价仍不会改变。

播种的最好方法就是觉得今是而昨非。一旦下定决心，放弃自我享乐的心和独占一切的想法，播种的机会就会多起来。

所以，试着做做看吧？最崇高的工作只有从试探做起，才会有所成就。而且，在这期间，上帝一定会给予你帮助，因为上帝自己也在追求着同一个目标。从今天起，你就是上帝的助手，是参与同一件工作的协助者。

——希尔提

※ 智慧隽语 ※

一旦下定决心，放弃自我享乐的心和独占一切的想法，播种的机会就会多起来。

不必要的负罪感

实际上，负罪感是一种十分无益的情感，而远远不是美好生活的成因。它使人不幸，造成人的自卑感。正因为不幸福，他似乎就可以向别人提出过分的要求，这样做又妨碍他去享受人际关系中真正的幸福。正因为自卑，他会对那些比自己优越的人表示敌意。他发现羡慕别人是困难的，而嫉妒却是容易的。他将变成一个不受欢迎的人，发现自己越来越孤独。大方豁达地对待他人，可以使持这种观点的人赢得同他人一样的快乐，这也是使这类人受到普遍的喜爱和欢迎的原因。但是对于那些被负罪感所困扰的人们来说这种态度是可望而不可即的。这种正面态度是人的自信和自我依赖的结果，它需要一种人的心理协调工作，通过这种协调工作，我的意思是说，人性、意识、潜意识、以及无意识等各个层次的心理因素的共同协调发生作用，而不是处于无休止的争斗中。要取得这样一种和谐，在多数情况下可以通过明智的教育来达到，但是在教育本身并不明智的时候，要做到这一点是相当困难的。

——罗　素

※ 智慧隽语 ※

大方豁达地对待他人，可以使持这种观点的人赢得同他人一样的快乐。

实行善

"知道而不去实行，对他而言就是罪恶？"请随时将这句宝贵箴言牢记心中。

每想到我们未能去实行应该做或者做得到而不去做的行为时，就会勇气全失，那是妨碍我们精神成长的最大罪恶。

最好是常常思考，即使只是片刻也没有关系。想想有哪些善事、正当的事自己做得到。如此一来，那种机会就会越来越多，且实行的勇气也会逐渐提高。而你原来认为做不到的事，也能够顺利完成。

——希尔提

※ 智慧隽语 ※

每想到我们未能去实行应该做或者做得到而不去做的行为时，就会勇气全失。

为何行善

有人认为，我们做善事是由于天性，另有一些人是由于习惯，还有些人是由于所受的教育。然而天性非人力可得，天所赐之人都是命运好的人；而理性与教育也不都是有效的，所以习惯乃是最重要的。学者的心性，必先于好恶之间，习惯之养成，正如土地必须施肥培养方可下种。然而人生为感情所左右，常常不重视理性的规律，或不认识理性。如果是这样又如何向善呢？感情绝不会服从理性，因为先培养一种爱高尚恶下流而近于德之品性，实在是极为重要的。然而人并非常常处于礼法之中，想自动趋向于德，这并不是容易的。事实上过有节制的平常生活，一般人都不喜欢，孩子更是如此，所以对孩子更应范之以法，等到他习惯于此了，也就不会觉得苦了。

——亚里士多德

※ 智慧隽语 ※

有人认为，我们做善事是由于天性，另有一些人是由于习惯，还有些人是由于所受的教育。

思想的占有

如果我们一直贫穷，财富似乎暂时会使我们快乐；当我们习惯于活在跟我们思想不一致的人物当中时，和谐一致的环境似乎暂时消除了我们的一切烦恼。物质条件所不能真正影响或是搅扰的内心宁静，对我们来说真是非常难得的。

思想是最危险的东西，它能占有一个人，到支配他的地步；它不仅能够，而且确实驱使一个人走向毁灭。

道德观点的意义不仅仅在于它符合一条进化规律。它不仅仅在于它单单符合世上的事物，其意义要来得更深刻，比我们已知的要更复杂。首先请回答，心弦为什么会战栗；请解释，某些忧伤的曲调为什么能传遍世界，流传不息；请说明，玫瑰花用什么微妙的法术，不管晴雨都能展放花瓣，像一盏红灯？

道德的基本原则，就存在于这些事实的精髓之处。

——德莱塞

※ 智慧隽语 ※

思想是最危险的东西，它能占有一个人，到支配他的地步；它不仅能够，而且确实驱使一个人走向毁灭。

善行与报酬

对于善的生活还求什么报酬呢？在我们行善时所体会到的喜悦中我们已经获得报酬了。

为别人做好事，其实就是对自己做了最大的好事——但这指的并不是报酬问题，而是行善所带给人的极大喜悦。

——塞尼加

去求行善的报酬，正好抵消行善的作用与力量。

有些人对别人行好事的时候，便期待别人对自己的报酬或感谢。有些人虽不指望报酬或感谢，但仍然忘不了自己的所为，仍然觉得自己对某人行善便是加恩于对方，但行善不应该是为了这些目的。行善者不求任何报酬，行善只是像树木结果子，有人享受便十分满意，如此所行的善才是真正的善。

——奥里欧斯

※ 智慧隽语 ※

行善者不求任何报酬，行善只是像树木结果子，有人享受便十分满意，如此所行的善才是真正的善。

盲目乐观的众生

原来有一些人的某一些性格，来也不解所以然，去也不知是何故。人生，当这种人还能忍受的时候，便是一块奇异的国土，一件无限美好的东西，只要他们能够怀着惊异的心情飘泊到里面去，那就简直是天堂一般。他们睁开了眼睛，便看见一个舒适而完美的世界。树呀，花呀，有声音的世界，也有色彩的世界。这些，就是他们国家的宝贵遗产。倘如没有人对于这些东西声明是“我的”，他们就会喜气洋洋地飘泊向前，口中唱的歌儿是全地球的人都有一天希望听到的。这就是善良之歌。

而一般的女人，被热情所控制，死心塌地爱上了一个人，不会比一个只有牺牲思想的小孩子高明多少的——只有给予的欲望。

——德莱塞

※ 智慧隽语 ※

而一般的女人，被热情所控制，死心塌地爱上了一个人，不会比一个只有牺牲思想的小孩子高明多少的——只有给予的欲望。

善恶来自人性

如果说我们生活中的许多灾难，来自我们称之为自然的因素，那么最恶劣、最严重的灾难则来自于我们的邪恶行径。为此我们很难责怪上帝，因为我们假如不能在善恶之间做出选择，那就不能被称作是有责任感的生物。事实上，我们比动物有更多的智慧和创造力，使我们能在广泛的范围内选择残暴和恶行，当今世纪的历史已经极好地证实了这一点。动物为食物而厮杀，仅此而已；我们却残杀同类。

苏格拉底认为邪恶来自无知。今天我们对此了解得更多一些。正如善来自性善，恶则来自性恶。我们的人性产生于我们的基因，环境和机会使之显现出来。

——伏尔泰

※ 智慧隽语 ※

因为我们假如不能在善恶之间做出选择，那就不能被称做是有责任的生物。

向善的人

我们感到自己受骗了，恶行本该得到报应，可罪人仍然顽固不化，我行我素，不曾受到审判。对他的谬论，在人与天使面前都没有听到精彩的辩驳。他会因此而逃脱法网吗？只要他心怀叵测，口出谎言，他就会渐渐从世上隐去。从某种意义上说，罪行总会昭彰于天下，尽管我们看不到这因果关系是人生的永恒。

另一方面，我们也不能说，正直必须以损失为代价。没有对美德的惩罚，也没有对智慧的惩罚，它们都是生命本身的扩展。行善时，我才真实地存在着；行善时，我赋予世界以新的意义。在被混沌和虚无吞没的沙漠上，我植上了林木，眼看着黑暗慢慢地弥漫到天的尽头。从最根本的意义上讲，爱、知识与美绝对是不为过的。灵魂不能容忍任何束缚。它总是鼓励人们乐观向上，而不是悲观失望。

——爱默生

※ 智慧隽语 ※

没有对美德的惩罚，也没有对智慧的惩罚，它们都是生命本身的扩展。

可悲与可怜

金钱的贪求这个毛病，目前我们大家都犯得很严重和享受的贪求，促使我们成为他们的奴隶，也可以说，把我们整个身心拖入深渊。

惟利是图是一种痼疾，使人卑鄙；但贪求享受，更是一种使人极端无耻、不可救药的毛病。

——朗吉弩斯

如果一个人竟可怜到没有做过一件使他回忆起来对自己感到满意，而且觉得没有白活一生的事情，那么，这个人可以说是缺乏认识自己的能力。而且，由于他意识不到什么德行最适合他的天性，因此，他只好一直做坏人，感到无穷的痛苦。

——卢　梭

※ 智慧隽语 ※

唯利是图是一种痼疾，使人卑鄙；但贪求享受，更是一种使人极端无耻、不可救药的毛病。

社会属性

可怜的是不能生产的人，在世界上孤零零的，流离失败，眼看着枯萎憔悴的肉体与内心的黑暗，从来没有冒出过一丛生命的火焰？可怜的是自知不能生产的灵魂，不能像开满了春花的树一般满载着生命与爱情？社会尽管给他光荣与幸福，也只是点缀一具行尸走肉罢了。

——罗曼·罗兰

普通男女都有一定程度的积极恶意，有的是专门针对特定敌手的敌意，也有的是不针对个人的一般性的幸灾乐祸。这种恶意习惯上都用娓娓动听的言辞遮饰着；而因袭的道德就有一顶是掩护恶意的斗篷。如果道德家们要达到改善我们行动的目的，就必须应付这一问题。

——罗　素

※ 智慧隽语 ※

普通男女都有一定程度的积极恶意，有的是专门针对特定敌手的敌意，也有的是不针对个人的一般性的幸灾乐祸。

自己的良心

良心不是通过学习获得的，获得它也不是一件必须完成的任务。相反的，对于每一个有道德的人来说，在他的内心中原先就有良心的存在。因此有良心这就等于说有一种尽义务的责任。因为良心是实践理性，在任何情况下，它出现于人的面前，作为开释和谴责的责任。因此良心不涉及客体，而只同主体有关。这样当人们说："这个人没有良心"，这是说他没有注意良心的命令。因为如果他真的没有良心，那他就不能因按照义务而做事情为自己大增面子，也不能因违背义务而受到责备，因此他也就不能想到有一种良心的责任感的存在。

——康　德

※ 智慧隽语 ※

对于每一个有道德的人来说，在他的内心中原先就有良心的存在。

美好的骄傲

美德是节俭的，但有些罪行也是节俭的。在自卑的身边，我发现，骄傲是一个相当好的伴侣。一种好的骄傲，如我所见，值500到1500美元。骄傲是英俊的、节俭的，骄傲根除那么多的恶行，不要任何东西只要它自己就可生存，以至于要想有所收益，就得要用虚荣换得骄傲。有骄傲，可以没有生活用品、没有好衣服、住在两间一套的房子里；有骄傲，也可以在田里干活、赤脚行走、与穷人聊天，或在极好的沙龙里静坐不语、心满意足。但虚荣就得要钱、要工夫、要马、要男人、要女人、要健康、要和平，但最后什么也要不着。路途遥遥，无处可去。但它们各自有对立面，骄傲的人有不可容忍的自私心理。而虚荣则是彬彬有礼，慷慨大度。

——爱默生

※ 智慧隽语 ※

骄傲根除那么多的恶行，不要任何东西只要它自己就可生存，以至于要想有所收益，就得要用虚荣换得骄傲。

自由的时代

克制和法规是人类性格自然发展的阻力，只有那种经得

住狂风暴雨，严寒酷暑的小树苗，才能长成树叶繁茂的大树。为了它的茁壮成长，需要烈焰般的热浪炙烤它，就像需要徐徐的凉风为它轻轻拂拭一样。冷酷和温柔对于培植生命来说同样重要，必须在各种不同条件下锤炼人的性格。为什么把贫困看成是毒蛇?对于品格的形成，它比财富更重要，它可以使人变得刚强、坚定，使人具有慈悲和怜悯的情感。每一种感受都可形成品行中的各不相同的部分，这是自然规律。如果从中设置障碍，会使性格畸形发展，甚至在愤怒、嫉妒、虚伪和欺骗中也偶有启发人的宝贵因素。只有弹拨琴的每一根弦，才会奏出美妙动听的曲调。限制思想发展等于干预自然规律，压制欲望无异于自杀，这会使性格变得偏狭。束缚人的日子已经过去，如今是无拘无束蓬勃发展的时代了。只有在人们认为世界是空幻的那个时代，自我牺牲或人为的抵制才是合乎逻辑的，而今是发展物质世界的时期，考虑道德是思想狭隘的标志。

——普列姆昌德

※ 智慧隽语 ※

只有在人们认为世界是空幻的那个时代，自我牺牲或人为的抵制才是合乎逻辑的，而今是发展物质世界的时期，考虑道德是思想狭隘的标志。